101 Dinge,
die man über Panzer
wissen muss

Frühe Anfänge – Ein PzKpfw I Ausf A erklimmt einen Hügel. Bild: Sammlung Thomas Anderson

Thomas Anderson

101 Dinge die man über Panzer wissen muss

Inhalt

Vorwort ... 7

1 Keule, Bogen, Feuerwaffe | Verteidigung und Jagd ... 8
2 Ein Schutz gegen Keulen? | Sarwürker und Panzermacher ... 9
3 In Bewegung | Vom Schildkrötenpanzer bis zum Panzerreiter ... 10
4 Immer wieder Leonardo … | »Die Idee ist mir lieber als deren Ausführung« ... 12
5 Radpanzer | Es müssen keine Ketten sein ... 14
6 Überleben! | Grabenpanzer und bewegliche Schießscharten ... 18
7 Ein Panzer für den Zaren | Der Tank Lebedenko ... 22
8 Wie die Panzer laufen lernten | Der Holt 120 Tractor ... 23
9 Der k.u.k. Panzer | Burstyns Vision ... 25
10 Mehr Dampf! | Lokomobile im Einsatz ... 28
11 »Little Willie« | »Landships«, die ersten Panzer ... 29
12 Mother & family | Die Panzer ziehen in den Krieg ... 31
13 Die Franzosen kommen! | Die frühen Panzer ... 35
14 Schützenpanzer Teil 1 | Von »The Pig« zum »Eisenschwein« ... 37
15 Erste Abwehrmittel gegen Panzer | Jagd auf die stählernen Ungetüme ... 40
16 Eine runde Sache? | Mit dem Kugelpanzer unterwegs ... 42
17 Panzer an der Heimatfront | Propaganda ... 44
18 Renaults FT | Louis baut einen Panzer ... 48
19 Debut des A7V | Der erste deutsche Panzer ... 50
20 Leben und Kampf im Panzer | Stress, Lärm und Hitze ... 52
21 Zwischen den Kriegen | Panzer in den Dreißigern ... 54
22 Christie – Der Visionär | Schneller ist besser ... 56
23 Niete für Niete | Die Panzerung ... 58
24 Ist Guss besser? | Noch mehr Panzerung ... 60
25 Exportschlager | Mit dem Sechstonner in die Welt ... 62
26 Walzstahl | Plattgewalzt ... 63
27 Zwitter im Gefecht? | Räder-Raupenfahrzeuge ... 64
28 Mehrturm-Panzer | Landship, mal wörtlich genommen ... 66
29 Ist dicker immer besser? | Passive Verstärkung der Panzerung ... 68
30 Amphibien … | Panzer auf dem Wasser ... 72
31 Der kann alles! | Fantastische Waffen in fantastischen Welten ... 74
32 Fliegende Panzer? | Christie will's noch mal wissen ... 76
33 Deutschland rüstet auf | Mit dem »Krupp-Boxer« ins Manöver ... 78
34 Waltzing Matilda? | Pleiten, Pech und Pannen 1 ... 80

35 Hauptteile eines Panzers | Der moderne Panzer ... 81
36 Alles gut gefedert? | Federung Teil 1 ... 82
37 Blattfedern federn auch | Federung Teil 2 ... 83
38 Federung durch Drehbewegung | Die Torsionsstabfeder ... 84
39 Das Laufwerk | Ketten und Räder ... 85
40 Kettenfahrzeug | Mit dem Radgürtel fing es an ... 86
41 Platten auf Ketten | Bessere Bodendruckverteilung ... 87
42 Bolzenkette | Gut Bolz! ... 88
43 Endverbinder-Kette | Aus den USA ... 89
44 Eine Gleiskette aus Gummi? | Der rollt weich ... 90
45 Halbketten-Fahrzeuge | Weder Fisch noch Fleisch? ... 91
46 Länge ist wichtig | Zahlenspiele ... 93
47 Spanien 1936 | Alles andere als Urlaub ... 94
48 Schon wieder Krieg! | Der Krieg der Panzer ... 96
49 Leichte Panzer im Einsatz | Leichter, schneller, schwächer? ... 98
50 Es funkt ... | Drahtlose Kommunikation ... 100
51 Hin zum echten Schützenpanzer | Schützenpanzer Teil 2 ... 102
52 Noch ein kleiner Brummer | Pleiten, Pech und Pannen 2 ... 104
53 Panzerführer | Berühmt und berüchtigt! ... 105
54 Panzer in der Wüste | Sand und Geröll ... 108
55 Porsches Elektro-Panzer | Pleiten, Pech und Pannen 3 ... 110
56 In der Panzer-Fahrschule | Dicke Brummer fahren lernen ... 111
57 Revolution! | Der T-34 betritt die Bühne ... 114
58 Revolution, die 2. | Ein echter schwerer Panzer ... 116
59 Der Wettlauf beginnt | Jagd auf die Panzer Teil 2 ... 118
60 Mit allen Mitteln ... | Quereinsteiger ... 120
61 Sturmgeschütze | Ein Schritt zurück? ... 121
62 Konterrevolution | Der Tiger kommt ... 123
63 Noch ein Raubtier ... | Mit dem Panther an die Spitze ... 125
64 Unter Wasser | Tauchpanzer ... 128
65 Panzerabwehr Selbstfahrlafetten | Neue Kanonen auf alten Fahrgestellen ... 130
66 Absonderlich! | PaK auf Schnecken-Schlepper ... 132
67 Achtung Minen! | Flegelhafter Minenräumer ... 134
68 Masse statt Klasse? | Die Vereinigten Staaten liefern ... 136
69 Hobart's Funnies | Die Stunde der Spezialisten ... 138
70 Sturmpanzer | Dicke Wumme, schwerer Panzer ... 140

71 Improvisierte Panzerungen | Wenn man sich so besser fühlt? 141
72 Kanonen auf Ketten | Artillerie-Selbstfahrlafetten 142
73 Ein echter Schwimmer | Der geht nicht unter! 143
74 Paper Tiger | Tarnen – Täuschen – Tricksen 144
75 Jagdpanzer | Das bessere Sturmgeschütz? 146
76 Der König spricht! | Überlegenheit 148
77 Kugeln gegen Flieger | FlaKpanzer 149
78 Risiko! | Tod im Panzer 151
79 Superschwere Panzer | Kolossal nutzlos 152
80 Bergen, schleppen, reparieren | Zugmaschinen und Bergepanzer 154
81 Main Battle Tank | Ein Universalpanzer? 156
82 Vom Battle Taxi zum IFV | Kampffahrzeuge für die Infanterie 158
83 Kalte Krieger | Die letzten schweren Panzer 160
84 Panzerhaubitzen | Neue Waffensysteme zur Unterstützung 161
85 Ohne Turm in den Kampf | Und noch einmal Jagdpanzer? 163
86 Showdown mit Sgt. York! | Pleiten, Pech und Pannen 4 164
87 FlaRakPanzer | Flugabwehr-Raketen auf Ketten 165
88 Geht's noch besser? | Kampfwertsteigerungen 167
89 Puma & Konsorten | Der moderne Schützenpanzer 168
90 Fluch der Hohlladung | Mit Wucht durch den Panzer 170
91 ERA | Gegenexplosion! 172
92 Pimp my rocket | Panzerabwehr-Lenkraketen im Einsatz 174
93 Flotte Flitzer | Wieselflink ins Gefecht 176
94 Rakete im Rohr? | Mal was anderes verschießen 178
95 Kampfroboter? | Ferngelenkte Panzer 180
96 Ein Turm ohne Besatzung? | Panzer des 21. Jahrhunderts 182
97 Die weichen Faktoren … | … machen oft den Unterschied 184
98 Kampfpanzer der Zukunft | Die Zukunft beginnt jetzt 185
99 Panzerparade | Protz und Propaganda 187
100 Panzer im Museum | Bovington und Munster 188
101 Ein letztes Wort | Eine launige Reise durch die Zeit 190

Impressum 192

Vorwort

Panzer – Eine Annäherung

Über die Jahrhunderte waren Menschen gezwungen, sich in einem feindlichen Umfeld durchzusetzen. Unsere gemeinsame Geschichte ist, zumindest zu einem großen Teil, von kriegerischen Konflikten durchzogen.

Hier sollte sich der Stärkere, Klügere und Skrupellosere durchsetzen, zunächst im Kleinen, im Familien- oder Clanverband, und bald in immer größerem und tödlicherem Rahmen.

Krieg hat unendliches Leid über den Menschen gebracht. Es ist verständlich, dass es vielen schwerfällt, sich damit auseinanderzusetzen. Themen wie die Militärgeschichte oder Rüstungstechnik werden leicht, und vorschnell, ausgeblendet.

Eine ernsthafte Auseinandersetzung mit diesen Realitäten, historisch und aktuell, ist in Deutschland aus verständlichen emotionalen Gründen konfliktbeladen.

Trotzdem, lasst uns darüber sprechen! Dieses Büchlein beschreibt den Werdegang einer Waffe des modernen Kriegs – des Panzers. Dabei möchte ich durchaus unterhaltsam, informativ, aber keinesfalls akademisch sein.

Die üblichen Nachschlagewerke, in der heutigen Realität wohl eher Google und Wikipedia, definieren einen Panzer als ein »gegen Beschuss geschütztes Kampffahrzeug, das als Militärfahrzeug oft bewaffnet ist«.

Der Ansatz ist gut: Waffe! Beweglichkeit! Schutz!

Thomas Anderson

Keule, Bogen, Feuerwaffe

1

Verteidigung und Jagd

Es scheint sehr wahrscheinlich, dass bereits Frühmenschen sich mit allem, was ihnen zur Verfügung stand, ihrer Haut wehrten. Mit der Keule, dem Stein in der Hand eines unserer Vorfahren war die erste Waffe geboren.

Da der Höhlenmensch sich schnell zum Jäger und Sammler weiterentwickelte, sollten findige Köpfe bald bessere Waffen erfinden. Der Faustkeil entstand aus Steinen, und gab dieser Phase, der Steinzeit, ihren Namen. Der Faustkeil war ein gutes Werkzeug, und eine tödliche Waffe. Daraus entstanden später Äxte und Spieße.

Die ersten Wurfwaffen

Der nächste Fortschritt war die Einführung von weitreichenden Waffen, wie Speeren und schließlich Pfeil und Bogen.

Damit war bereits viel erreicht. In der Bronzezeit lernte der Mensch das Verhütten. Aus dem schon bekannten »Gestein« Kupfer und Zinn wurde durch Erhitzen ein wesentlich härteres Material hergestellt – Bronze. Nachdem hunderte von Bronzemachern beim Bronze machen elendig in ihren Hütten erstickt waren, setzte sich die Erkenntnis durch, das Verhütten doch lieber an der frischen Luft durchzuführen. Eine weitere bemerkenswerte zivilisatorische Leistung. Hieb- und Stichwaffen waren nun wirkungsvoller, weil härter und schärfer.

Die ersten Feuerwaffen

Darauf folgte fast zwangsläufig die Eisenzeit, diese Epoche dauert bis heute an.

Die Erkenntnis, dass man mit Schwarzpulver alles Mögliche beschleunigen und auf eine bogenförmige Flugbahn bringen kann, war eine weitere technische Revolution. Auch diese Technik, mutmaßlich von den Chinesen erfunden und vom Westen kopiert (nicht umgekehrt), hat sich bis heute gehalten.

Feuerwaffen sollten sich schnell durchsetzen und den Weg in die Arsenale aller Streitkräfte finden.

Ein Schutz gegen Keulen?

2

Sarwürker und Panzermacher

Mit dem Aufkommen von Waffen wurden Menschen Opfer teils schwerer Verletzungen.

Diese existenzielle Bedrohung zog naturgemäß die Schaffung von Schutzmechanismen nach sich. Um Hieb- und Stichwaffen abzuwehren, wurden aus den jeweils verfügbaren Materialien Formteile angefertigt, um die empfindlichen Körperteile zu schützen. Schwere Textilien wurden über Leib und Muskelgewebe gewickelt, auch Holz und Bambus wurden nutzbringend verwendet.

Schilde und Rüstungen

Auch tragbare Schilde sollten aus verschiedensten Materialien wie Leder, Weidengeflecht, Holz und Metall eingeführt werden. Im Zweikampf konnten Hieb- und Stichwaffen effektiv abgewehrt werden. Später boten Kettenpanzer aus Metallringen Schutz und die nötige Beweglichkeit. Im Mittelalter folgte die schwere Rüstung. Neue Berufe entstanden, Hand-

Hi-Tech im Mittelalter. Rüstungen gegen Hieb- und Stichwaffen aus dem »Sigenot« um 1470. Bild: Universitätsbibliothek Heidelberg, Cod. Pal. germ. 67, 32v

werker wie Panzermacher schufen Rüstungen, Sarwürker Kettenhemden. Auch die Tragtiere wurden mit »Panzern« versehen. Diese Entwicklung hatte auch ihre Schattenseiten, das gestiegene Gewicht drohte, die Beweglichkeit im gefährlichen Maße einzuschränken.

Die Einführung moderner Feuerwaffen machte die bisherigen Schutztechniken bald obsolet. Bleikugeln entwickelten eine große Durchschlagswucht und konnten Rüstungen aller Art zerstören und den Träger verletzen oder töten.

Nun begann ein Wettlauf, immer stärkere Waffen zogen immer stärkere Defensiv-Maßnahmen nach sich.

Der Schutz einzelner Soldaten war sehr schwierig, da bis Mitte des 20. Jahrhunderts praktisch nur (schwere) Metalle zur Verfügung standen. Mit der Entwicklung von komplexen Kunststoffen und -fasern konnte hier entgegengesteuert werden.

Die großmaßstäbliche Einführung der Panzer zog unweigerlich die Schaffung geeigneter Panzerabwehrwaffen nach sich. Diese zwangen wiederum zur Entwicklung von immer besseren Panzerungen, ein Wettlauf begann, der bis heute nicht entschieden ist.

3 In Bewegung

Vom Schildkrötenpanzer bis zum Panzerreiter

Das Moment der Bewegung ist bei kriegerischen Auseinandersetzungen von nicht unerheblicher Wichtigkeit.

Lange Jahrhunderte war sowohl die strategische als auch die taktische Mobilität von Heeren auf den Fußmarsch beschränkt. So führte die römische Infanterie in disziplinierter Marschordnung mit der Rechten das Gladius, das Schwert. Die Linke hielt das Scutum, den Langschild. Dieses war so groß, dass es den ganzen Legionar schützte. In der Formation des Schildkrötenpanzers war der Vormarsch einer ganzen Zenturie bei Feindbeschuss unter Panzerschutz möglich. Dem erschrockenen Gegner blieb nur das Weglaufen.

Schon früh sollten Pferde für den Kriegsdienst herangezogen werden, diese genügsamen Tiere konnten als Reit- und Transportmittel Verwen-

Die römische Taktik der Schildkröte wird hier von einer Reenactment-Gruppe nachgestellt. Disziplin und Koordination waren unabdingbar. Bild: Neil Carey/C.C. 2.0

dung finden. Reitende Verbände konnten schnell verlegt werden. Während ein Fußsoldat am Tag 20 Kilometer marschierte, legte ein Reiter bis zu 50 Kilometer zurück. In großer Zahl war der Einsatz der Reiter schlachtenentscheidend, die schiere Masse brach dank ihrer hohen Geschwindigkeit die gegnerischen Linien.

Ein einschneidendes Ereignis war die großmaßstäbliche Einführung des Steigbügels. Dank dieses Hilfsmittels erhielt der Reiter eine ausgezeichnete Stabilität im Sattel. Damit konnten schwere Waffen, wie Spieße und Lanzen, sicher geführt werden. Auch das Schießen eines Bogens in vollem Galopp wurde so möglich.

Schon früh wurden Pferd und Reiter gepanzert, was sich jedoch negativ auf die Beweglichkeit auswirkte.

Während sich die Waffentechnik – Feuerkraft und in gewissem Rahmen auch der Panzerschutz – immer weiterentwickelte, konnte die Beweglichkeit von Infanterie und Artillerie nicht entscheidend verbessert werden. Ab der zweiten Hälfte des 19. Jahrhunderts schlug die Stunde der Ingenieure.

Immer wieder Leonardo …

4

»Die Idee ist mir lieber als deren Ausführung«

Dieser Satz wird Leonardo da Vinci zugeschrieben. Der Künstler schuf Werke von unermesslicher Schönheit, auch in der Architektur, der Medizin, den Naturwissenschaften und im Ingenieurswesen leistete er Großes. Leonardo gilt bis heute als Universalgenie.

Neueste Erkenntnisse legen nahe, dass viele seiner technischen Ideen auf älteren Erkenntnissen der Antike fußten. Auch ist interessant, dass einige mechanische Prinzipien, die er zu Papier brachte, als nicht funktionstüchtig erkannt wurden, da diese auf Denkfehlern beruhten.

Leonardo als Ingenieur

Auf dem Gebiet der Ingenieurskunst sollte Leonardo verschiedene Konzepte theoretisch entwickeln. Dazu gehörten Zahnrad-Getriebe und wasserbetriebene Hebezeuge und Pumpen.

Auch auf dem Gebiet der Waffentechnik sollte er ungewöhnliche Ansätze verfolgen. Er ersann eine gigantische »Armbrust« mit einer Spannweite von fast 20 Metern. Auch ein Salvengeschütz mit zwölf Läufen entstand auf dem Papier.

Der Panzer

Mit den Mitteln seiner Zeit ersann er auch ein bewaffnetes gepanzertes Fahrzeug. Wieder suchte er ein Vorbild in der Natur, und fand es in der Schildkröte. Massive und dicke Holzbohlen boten einen gewissen Schutz gegen Beschuss aus leichten Feuerwaffen, ein Dach schützte die Besatzung.

In dem kreisrunden Fahrzeug sollten acht leichte Hinterlader-Kanonen eingebaut werden, die dem »Panzer« eine ausgezeichnete Rundum-Feuerkraft gegeben hätten.

Ein Modell zeigt in der Spitze des Fahrzeugs einen Beobachtungsstand. Die Frage eines leistungsfähigen Antriebs konnte mit den Mitteln seiner Zeit wohl nicht gelöst werden. Der angedachte Mechanismus aus Handkurbeln und Zahnrädern hätte das tonnenschwere Gerät keinesfalls sicher bewegen können. Da Vincis Vision sollte zwar nicht praktisch umgesetzt werden, die Idee des Panzers war jedoch in der Welt. Andere Ingenieure schufen ähnliche Kampfwagen, die durch Pferde bewegt wurden.

Leonardos »Carro Armato« – Kanonen unter Holzpanzer mit angehobenem Deckel. In der Mitte ist die Kraftübertragung sichtbar. Bild: di Allessandro

Radpanzer

5

Es müssen keine Ketten sein

Nach der Einführung von Kraftwagen lag es nahe, diese neue Technologie auch für militärische Zwecke zu nutzen. Wie Jahrzehnte zuvor beim Siegeszug der Eisenbahn sollte die Logistik einen starken Schub erhalten. Der Transport von Waffen, der Nachschub von Munition und Lebensmitteln war nun auch abseits der Bahnhöfe möglich.

Bewaffnung

Es sollte nicht lang dauern, dass motorisierte Radfahrzeuge in einem nächsten Schritt mit Waffen versehen wurden. Erste, teils abenteuerliche Lösungen fanden den Weg in die Arsenale.

Schließlich wurden diese Fahrzeuge mit einfachen Panzerungen versehen. Wegbereiter dieser Technik war der Brite Simms, der Ende des 19. Jahrhunderts den Motor War Car konstruierte. Angetrieben durch einen

Motor War Car – Bereits 1902 stellte der Brite Simms einen Radpanzer mit Maschinengewehren vor, der durch einen Verbrennungsmotor angetrieben wurde. Bild: Library of Congress

»Sporting Forty« goes war! Der britische Lanchester Armoured Car basierte auf einem 60-PS-Sportwagen und trug ein wassergekühltes Vickers-MG. Bild: Doyle

deutschen Daimler-Motor, trug das einfache Gefährt eine Panzerung von fünf Millimetern Stärke. Die Bewaffnung bestand aus mehreren Maxim-MG. Bis zum Ausbruch des Ersten Weltkriegs investierten alle Industrienationen in ähnliche Lösungen, unterstützt durch die stürmische technische Entwicklung der Motorfahrzeuge.

Vor allem auf der Straße

Die zweiachsigen Fahrzeuge boten eine hohe Beweglichkeit auf befestigten Wegen, waren somit perfekt für den Einsatz in Städten geeignet. Die Standfestigkeit dieser Konstruktionen war nur gering, dieser Nachteil wurde jedoch durch niedrige Fertigungskosten und eine hohe Wirtschaftlichkeit mehr als ausgeglichen.

Die frühen Radpanzer sollten bald durch modernere Konstruktionen ersetzt werden. Zumeist sollten diese als Aufklärungsfahrzeuge oder zur Überwachung eingesetzt werden. Ein Problem blieb die nur mangelhafte Geländegängigkeit. Trotz Einführung von Allradantrieb und Geländeketten, die zur Herabsetzung des Bodendrucks über die Heckräder gezogen werden konnten, blieb die Gleiskette des Panzers lange überlegen.

Auch auf deutscher Seite wurden handelsübliche Kfz mit Panzeraufbauten versehen und mit Maschinengewehren bewaffnet. Bild: Sammlung Thomas Anderson

»Tin Lizzie« auf Speed! Britische Truppen in Palästina auf einem Ford Model T. Das Kommando-Fahrzeug ist mit einem Lewis-MG bewaffnet. Bild: Library of Congress

Auch in den USA wurden während des Ersten Weltkriegs Panzerautos wie dieses konstruiert.

Bild: Library of Congress

Dieser ehrwürdige Vickers-Crossley der britischen Streitkräfte sollte noch 1938 in Indien im Einsatz stehen. Bild: Doyle

Überleben!

6

Grabenpanzer und bewegliche Schießscharten

Die gestiegene Feuerkraft der Infanteriewaffen war ein Grund für den sich ab 1914 entwickelnden statischen Stellungskrieg. Angriffe auf befestigte gegnerische Stellungen erfolgten in der Regel nach einer massiven Artillerievorbereitung. Die darauffolgenden Sturmangriffe waren in der Regel äußerst verlustreich, je nach Stärke der verbliebenen gegnerischen Grabenstärke.

Panzer wurden eingeführt, um dieses Problem zu lösen, MG-Stellungen und leichte Artillerie konnten direkt bekämpft werden. Zugleich wurden so Stacheldraht-Hindernisse geräumt, im Idealfall konnten die Linien des Feindes durchbrochen werden.

Um die Graben-Besatzungen vor Artilleriesplittern und in gewissem Rahmen vor direkten Gewehrtreffern zu schützen, wurden schnell Schutztechniken eingeführt. Ein Problem hatten alle gemein, in Schlamm und Schnee waren sie nicht mehr beweglich.

Diese von den Deutschen erbeutete mobile Schießscharte aus dem Ersten Weltkrieg bot Platz für fünf russische Schützen. Bild: Sammlung Thomas Anderson

In tiefster Gangart an den Feind! Kriechend sollte dieser Infanterist seine gepanzerte Einmann-Stellung voranschieben. Bild: Netrebenko

Auch das wassergekühlte Maxim-MG wurde unter Panzerschutz mobilisiert. Eine Flucht wäre wohl nicht möglich gewesen. Bild: Netrebenko

Die Einführung des Stahlhelms

Schutzhelme waren bereits seit der Vorzeit im Einsatz, fast alle Materialien wurden für diese Hilfsmittel herangezogen. Im Ersten Weltkrieg setzte sich bei allen Kriegsteilnehmern schnell der Stahlhelm durch. Ein gutes Beispiel ist der deutsche Stahlhelm M18, der eine Panzerstärke von etwa einem Millimeter zeigte. Im vorderen Bereich konnte dieser mit einer aufsteckbaren zehn Millimeter starken Stirnplatte verstärkt werden.

Russland nutzte weiter bewegliche Schießscharten, die einen gewissen Schutz bei Angriffen boten, wie schon im Mittelalter.

Es ist offensichtlich, dass diese Techniken die individuelle Beweglichkeit des Soldaten zum Teil beträchtlich beeinträchtigten. Ein Rückzug war zumeist nicht möglich.

Stahlhelme sollten, in Wesentlichen unverändert, mehr als 70 Jahre im Einsatz bleiben.

Der »Grabenpanzer« war die Rüstung des Ersten Weltkriegs. Heute mutierte diese durchaus brauchbare Entwicklung zur schusssicheren Weste. Bild: Sammlung Thomas Anderson

Ein Kämpfer mit seinem Stahlhelm M18, der in erster Linie vor Splittern schützen sollte. Die »Knubbel« dienten zur Aufnahme einer Panzerverstärkung. Bild: Sammlung Thomas Anderson

Ein Panzer für den Zaren

7

Der Tank Lebedenko

Zu den eher ungewöhnlichen Auswüchsen des Panzerbaus gehört sicherlich der Tank Lebedenko. Kurz nach Beginn des Ersten Weltkriegs wurde auch in Russland die Entwicklung eines gepanzerten Kampffahrzeugs vorangetrieben. Der Ansatz unterschied sich stark von dem anderer Nationen.

Während andernorts Gleisketten als Antrieb genutzt werden, entschieden sich die russischen Ingenieure, ein überdimensioniertes Dreirad zu entwickeln Dieses bestand aus zwei großen Speichenrädern mit einem Durchmesser von etwa neun Metern. Die Achse war außen durch Profileisen-Konstruktionen mit einem gepanzerten, etwa zwölf Meter breiten Aufbau verbunden. Die Konstruktion sollte hinten durch einen Ausleger mit zwei kleinen Rädern abgestützt werden. Diese Räder dienten auch der Lenkung des Ungetüms.

Steam Punk! Panzer des Zaren. Bild: Netrebenko

Im Aufbau waren als Antrieb für die Räder zwei Maybach-Motoren mit je 240 PS eingebaut, die ihre Kraft direkt auf die Laufflächen übertragen sollten. Die Maybach-Motoren stammten von erbeuteten deutschen Luftschiffen, Aggregate dieser Leistung konnte das russische Reich noch nicht herstellen.

Seitlich und unter dem Panzerkasten waren nicht weiter genannte Waffen, Kanonen und Maschinengewehre eingebaut. Auch der große Mittelturm, der eine Höhe von acht Metern erreichte, sollte Waffen tragen.

Die Kampfmaschine, auch Zar-Tank genannt, wurde 1915 getestet. Wenig überraschend, sollten diese Tests zur Einstellung des Projekts führen. Trotz der großen Leistung der Motoren war das auf 60 Tonnen geschätzte Fahrzeug untermotorisiert. Unter Last versagte die Kraftübertragung, besonders in tiefem Schlamm. Auch die Lenkung sollte nicht wunschgemäß funktionieren. Einmal festgefahren, war eine Bergung praktisch unmöglich. Letztlich erwies sich das Konzept als nicht realisierbar.

Wie die Panzer laufen lernten

Der Holt 120 Tractor

8

Der Siegeszug der Eisenbahn im 19. Jahrhundert sollte das Transportwesen nachhaltig revolutionieren. Damit war die Grundlage für ein immer dichteres Verkehrsnetz geschaffen. Der Transport von Gütern abseits dieser Linien blieb ein Problem. Es fehlte an einer kompakten Kraftquelle, um Radfahrzeuge anzutreiben. Erst zu Anfang des 20. Jahrhunderts sollte die großmaßstäbliche Einführung von Verbrennungsmotoren dieses Problem lösen.

Parallel ergaben sich bei der Entwicklung von Fahrzeugen auch schwerwiegende technische Probleme am Fahrwerk selbst. Es gab noch kein gut ausgebautes Straßennetz. Die verfügbaren Räder hatten eine beschränkte Leistungsfähigkeit, besonders in schlechtem Gelände. Erste Lösungen an Straßen-Dampfmaschinen zeigten dann Räder mit sehr großem Durchmesser, die abseits befestigter Wege versagen mussten.

Findige Köpfe ersannen dann zunächst das Dreadnaught-Rad. An der Felge waren Gelenkschienen mit großen, beweglichen rechteckigen Platten montiert. Wurde das Rad in Bewegung gesetzt, setzte sich Platte vor Platte

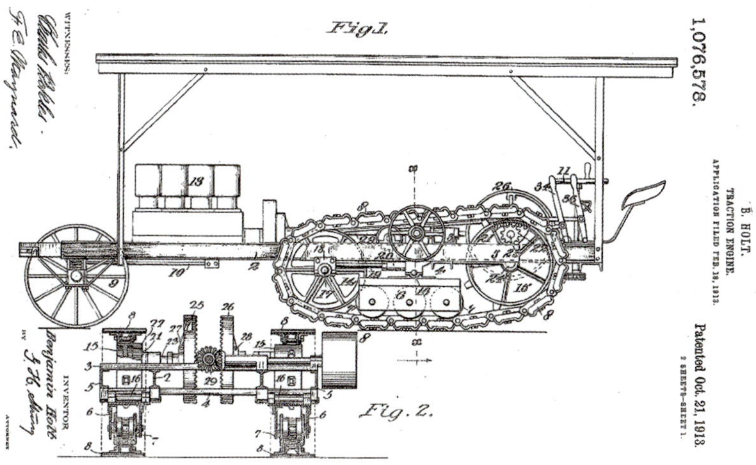

Die Patent-Zeichnung des Holt 120 Tractors. Die Raupenkette sorgte für Traktion, die Lenkung erfolgte durch das Vorderrad. Bild: Library of Congress

Die starken Holt-Zugmaschinen dienten unter anderem zum Transport schwerster Geschütze der britischen Armee. Bild: NARA

plan auf den Boden, was den Bodendruck effektiv verringerte. Auch »endlose Eisenbahnräder« genannt, wurden diese noch im Ersten Weltkrieg bei schweren Artillerie-Geschützen verwendet.

Die ersten Kettenlaufwerke

In England und den USA sollten dann erste Gleisketten-Laufwerke entwickelt werden. Diese bestanden aus Platten auf Trägerelementen, zumeist Gussteile. Diese Elemente waren mit Scharnieren verbunden und bildeten so eine endlose Kette, die um kleine Rollen lief. Erst mit Verfügbarkeit von Verbrennungsmotoren sollten diese in großem Maßstab eingeführt werden. Ein gutes Beispiel war der Holt 120 Tractor. Hier war ein Gleiskettenlaufwerk an einem massiven Rahmen montiert. Der Antrieb erfolgte durch einen Benzinmotor, ein Lenkgetriebe war nicht vorhanden. Die Lenkung erfolgte durch ein einzelnes Deichselrad, das vorne weit vor dem kurzen Kettenlaufwerk montiert war.

Der Holt 120 Tractor sollte sich als Artillerie-Zugmaschine sehr gut bewähren, die englische Armee kaufte mehr als 2.000 Exemplare.

Holts Gleiskettenlaufwerk sollte die Entwicklung der ersten Tanks maßgeblich beeinflussen.

Der k.u.k. Panzer

9

Burstyns Vision

Gunther Burstyn, ein Soldat des österreichisch-ungarischen Militärs, diente 1906 als Oberleutnant bei den Pionieren. Hier sollte der studierte Ingenieur geradezu umwälzende Ideen entwickeln. Er erkannte, dass in einem zukünftigen Krieg die Artillerie zur dominierenden Waffe zu werden drohte, vielleicht sah er den verlustreichen Stellungskrieg bereits vor seinem inneren Auge. Dieser Dominanz wollte er im Zeitalter einer sich stetig entwickelnden Wissenschaft durch technische Innovationen entgegentreten. Ein gepanzertes Fahrzeug, das »Motorgeschütz«, sollte in der Lage sein, ein von Stellungsgräben durchzogenes und von Artillerietrichtern zerfurchtes Gelände zu durchqueren.

Verkanntes Konzept

Seine Konzept-Zeichnungen zeigten ein Fahrzeug mit flachbauendem Kettenlaufwerk. Da dieses keine besonderen Klettereigenschaften versprach, waren vorn wie hinten jeweils zwei Ausleger mit Rädern angebracht. Diese Ausleger sollten das Motorgeschütz bei Überschreiten eines Grabens abfangen und stützen, bis das Kettenlaufwerk den jenseitigen Grabenrand erreicht. Auf dem Panzerkasten war ein flacher, rotierender Turm mit einer Kanone aufgesetzt.

Bei Burstyns Motorgeschütz handelte es sich um ein Fahrzeug, das Marketing-Leute heute »conceptual study« nennen würden. Er machte sich

Vor dem Heeresgeschichtlichen Museum in Wien steht ein Modell von Burstyns Motorgeschütz.

Bild: Thomas Anderson

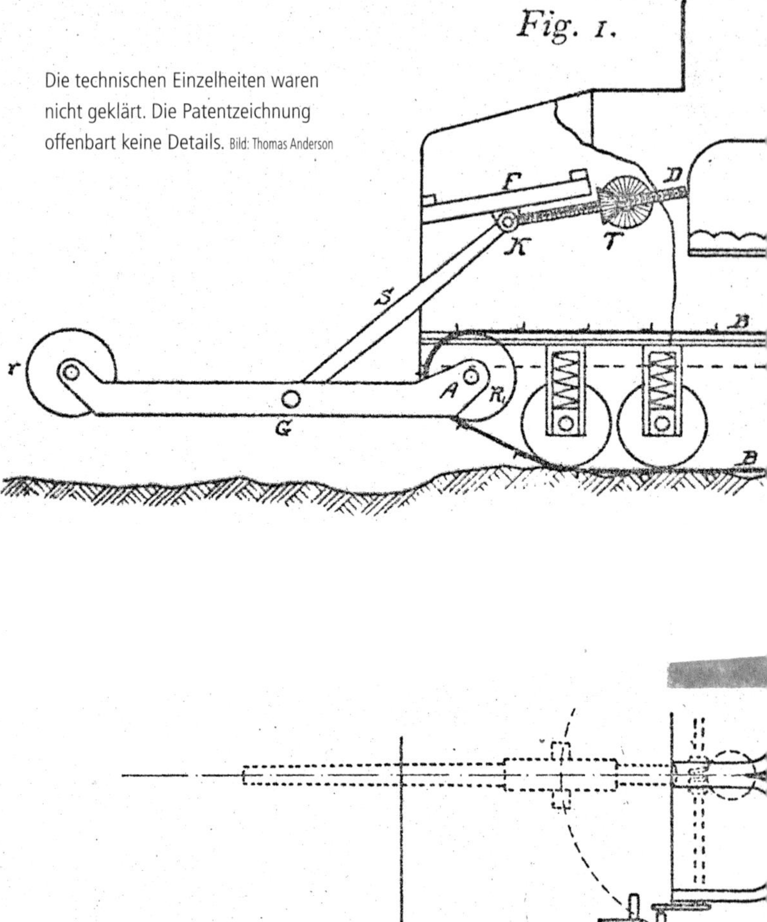

Die technischen Einzelheiten waren nicht geklärt. Die Patentzeichnung offenbart keine Details. Bild: Thomas Anderson

noch keine Gedanken um die technische Umsetzung, so sind keine Details zu Motor, Antriebskomponenten oder Bewaffnung überliefert.

Als der junge Offizier seine Ideen dem k.u.k. Generalstab vorstellte, schlug ihm offene Ablehnung entgegen. Die alten Stabsoffiziere waren nicht gewillt oder in der Lage, die Möglichkeiten der Technik richtig ein-

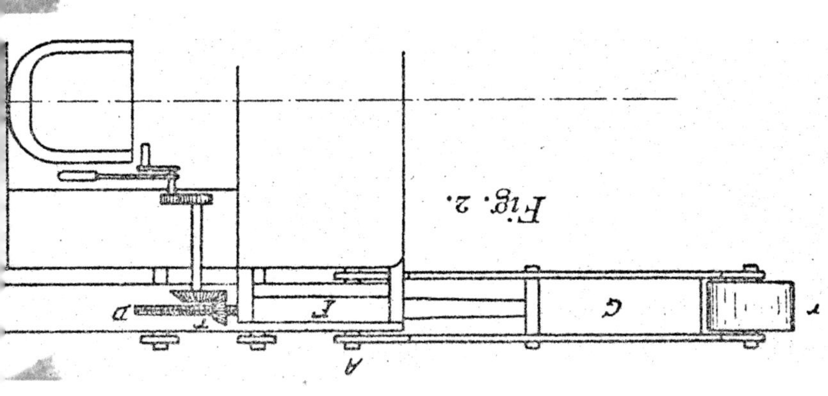

zuschätzen. Dasselbe galt für die kaiserlich deutsche Armeeführung. Im Nachhinein erscheint Burstyns »Motorgeschütz« weit moderner als die bald im Einsatz stehenden britischen und französischen Tanks. Österreich-Ungarn und Deutschland hatten wahrscheinlich leichtfertig eine mögliche Führungsrolle in der Waffenentwicklung aufgegeben.

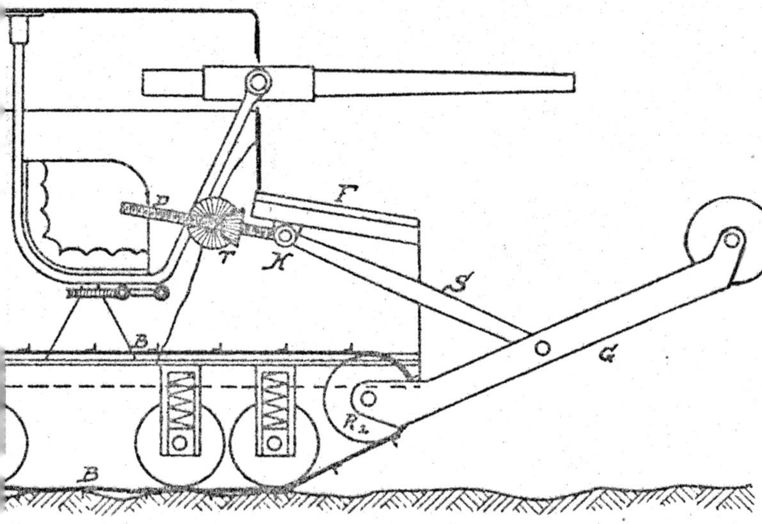

Mehr Dampf!

Lokomobile im Einsatz

10

Bei der raschen Entwicklung der Motorentechnik dürfen Lokomobile nicht vergessen werden. Dampfmaschinen, Geräte, die Wärmeenergie in mechanische Energie umwandelten, läuteten im 19. Jahrhundert die industrielle Revolution ein. Ganze Industriezweige basierten auf dieser Technik. Dampflokomotiven machten den Aufbau dichter Eisenbahnnetze möglich.

Für den Einsatz abseits der Schienenstränge wurden ab 1850 Lokomobile entwickelt. Nun konnten große Ackerflächen mit Dampfpflügen wirtschaftlich bearbeitet werden. Im Bergbau wurden mobile Dampfmaschinen zum Antrieb von Pumpen genutzt. Auch das Transportwesen profitierte von dieser Technologie.

Dampf-Zugmaschinen konnten schwere Lasten über große Entfernungen bewegen. Es lag nahe, diese Technik für militärische Zwecke einzusetzen. Die Artillerie setzte immer schwerere Geschütze ein, die im Pferdezug kaum mehr zu bewältigen waren. Dampfmaschinen konnten die nötige Kraft liefern.

Im Ersten Weltkrieg sollten Dampf-Zugmaschinen in großem Maßstab verwendet werden, bis sie durch Verbrennungsmotoren abgelöst wurden. Noch im Zweiten Weltkrieg gab es ein kurzes Revival. Unter dem Eindruck des allgemeinen Treibstoffmangels wurde von BMM ein Dampf-Kettenschlepper entwickelt. Danach ging der Technik der Dampf, pardon, die Luft aus.

BMMs Dampfschlepper im Einsatz. Bild: Netik

»Little Willie«

11

»Landships«, die ersten Panzer

Der Ruhm, als erste Nation im Verlauf des Ersten Weltkriegs Panzer einzuführen, gebührt England. Im Herbst 1914 schlugen Offiziere der britischen Armee dem Generalstab verschiedene Ideen vor, darunter auch gepanzerte Fahrzeuge mit Kettenfahrwerk. Die Army sollte diese ersten Entwürfe ablehnen, obwohl sich die Holt-Kettenschlepper beim Ziehen schwerer Geschütze bereits im Einsatz gut bewährt hatten.

Initiative der Navy

Nun ergriffen Offiziere der Britischen Marine, die an der Westfront erfolgreich Radpanzer eingesetzt hatten, die Initiative. Sie überzeugten ihren Oberbefehlshaber Winston Churchill, die Entwicklung gepanzerter Kettenfahrzeuge voranzutreiben. Der stimmte zu, und legte die

Die »No 1 Lincoln Machine«, vor zudringlichen Blicken unter Planen versteckt. Die hintere Achse unterstützte die Lenkung. Bild: Gray

»Little Willie« darf als erster Panzer gelten, das einzige Exemplar überlebte bis heute im Panzermuseum Bovington. Bild: Sammlung Thomas Anderson

Grundlagen für das »Landship Committee«, das die Entwicklung von »Landschiffen« – Panzern – vorantreiben sollte.

Ein erster wichtiger Schritt war »Little Willie«, Klein-Wilhelm. Der Name war eine Hommage an den Kriegsgegner, den Kronprinzen von Preußen. Welch schöne, britische Ironie!

Ohne Drehturm

Der erste Entwurf der Firma Foster & Company stand im September 1915. Die grundsätzlichen Probleme waren gelöst, wenn das Ergebnis auch einfach und krude anmutete. Der »Little Willie« hatte einen großen kastenförmigen Aufbau aus genieteten Stahlplatten.

Der eigentlich vorgesehene Drehturm, in den eine 2-Pounder-»Pom-Pom«-Schnellfeuerkanone eingebaut werden sollte, wurde nie realisiert. Auch die bis zu sechs vorgesehenen Maschinengewehre sollten nie eingebaut werden. Für den Vortrieb sorgte ein Gleisketten-Laufwerk mit plattenförmigen Gliedern. Im hinteren Teil des Panzerkastens war der Motor eingebaut, ein 105 PS starker Daimler-Knight.

Die Lenkung erfolgte durch brachiales Abbremsen einer Seite des Kettenlaufwerks, hinten war zeitweise eine einachsige Lenkhilfe angebracht. »Little Willie« lieferte den Briten wichtige Ergebnisse, der Weg zum schlachtenentscheidenden Instrument war noch lang.

Mother & family

12

Die Panzer ziehen in den Krieg

Nach ersten Fahrversuchen mit »Little Willie« zeigte sich der verantwortliche Ingenieur, William Tritton von Foster & Co, nicht zufrieden. Seine Schöpfung war wohl in der Lage, durch verschlammtes Gelände zu fahren, sie konnte jedoch nicht wie gefordert breite Schützengräben und Sprengtrichter sicher durchqueren.

»Big Willie« oder »Mother«

Tritton machte sich an die Arbeit und entwickelte ein neues Modell. Der Antrieb wurde geändert, nun umspannte die Gleiskette die gesamte Wanne. So entstand ein Panzer in Form einer riesigen Raute. Diese Form des Laufwerks erwies sich als vorteilhaft, die Klettereigenschaften waren sehr gut. Die Verwendung eines Turmes wurde verworfen, da dieser den Schwerpunkt gefährlich hoch gelegt hätte. Die Bewaffnung, zwei 6-Pounder-Geschütze und zwei Maschinengewehre, waren nun seitlich in großen Erkern eingebaut. Das neue Modell wurde »Big Willie« oder »Mother« genannt.

Dieser Mark I ist mit dem frühen Vierfarb-Tarnanstrich versehen. Der Maschendraht-Aufbau schützte die Besatzung gegen Handgranaten. Bild: NARA

Dieses Exemplar des verbesserten Mark V trägt den Namen »Uku«. Über den Rahmen wurde ein Bergebalken gezogen. Bild: Sammlung Thomas Anderson

Der »Iron Duke« im Einsatz in Flandern. Die Ketten sind mit Verbreiterungen versehen, die die Geländegängigkeit in Schlamm verbesserten. Bild: NARA

»Mother« sollte als Muster für die erste Produktionsvariante, den Mark I, dienen. Da nicht genügend 6-Pounder-Geschütze verfügbar waren, wurde ein Teil nur mit Maschinengewehren ausgestattet. Diese wurden »female« (weiblich) genannt, jene mit Geschützbewaffnung »male« (männlich). Diese schöne Tradition sollte bis Kriegsende fortgeführt werden. Da die Panzer äußerlich großen Wassertanks ähnelten, erhielten diese aus Gründen der Geheimhaltung die Bezeichnung »Tank«.

Im Kampfeinsatz

Die ersten Einsätze im September 1916 bei Flers waren durchaus ernüchternd. Es gab noch keine Erfahrungen hinsichtlich der anzuwendenden taktischen Einsatzgrundsätze, der Angriff ging deutlich langsamer voran als erwartet. In den deutschen Linien kam jedoch schnell Panik auf, da keine Waffen zur Bekämpfung zur Verfügung standen.

Mit den folgenden Varianten Mk II bis Mk V wurden zahllose technische Verbesserungen eingeführt. Äußerlich kaum erkennbar, wurde die Panzerung verstärkt, Motor und Getriebe zuverlässiger.

Bis Kriegsende sollten die Briten mehr als 2.000 dieser Panzer in verschiedenen Varianten produzieren. Obwohl sicherlich nicht kriegsentscheidend, brachten die Tanks Bewegung in den Stellungskrieg.

Die Franzosen kommen!

13

Die frühen Panzer

Ähnlich wie die Briten, sollte auch Frankreich frühzeitig nach technischen Lösungen suchen, um den verlustreichen Stellungskrieg zu beenden. Panzerfahrzeuge auf Raupenketten schienen das richtige Mittel, und bereits Anfang 1916 lieferte die Firma Schneider ein erstes Modell.

Der Panzer von der Seite

Der Schneider CA1 sollte in der Lage sei, dank seines vorderen Überhangs Stacheldraht-Verhaue niederzureißen und damit der nachfolgenden Infanterie den Weg zu ebnen. In einer kleinen Schießscharte auf der rechten Seite des kastenförmigen Aufbaus war eine kurze 75-mm-Kanone montiert, die Sprengpatronen verfeuerte. Weiter standen seitlich zwei 8-mm-Hotchkiss-MG zur Verfügung.

Der Char Schneider CA1 war kein überzeugendes Kampffahrzeug, trotzdem wurden 400 Exemplare gebaut. Bild: Sammlung Thomas Anderson

Das Fahrwerk war eindeutig vom Holt Caterpillar Tractor beeinflusst. Ein 60-PS-Motor verlieh dem Panzer eine Geschwindigkeit von 8 km/h. Die Panzerung des genieteten Aufbaus betrug elf Millimeter, später wurde eine Zusatzpanzerung von 5,5 Millimetern nachgerüstet. Etwa 400 Fahrzeuge wurden gefertigt.

Der St. Chamond

1917 wurde eine weitere Firma, FAMH in St. Chamond, mit der Entwicklung eines Panzers beauftragt. Dabei wurde eine gewisse Konkurrenzsituation bewusst in Kauf genommen. Das Modell hatte durchaus Ähnlichkeiten mit dem Schneider CA1, da das Fahrwerk ebenfalls auf Holt-Patenten basierte. Wieder ragte der kastenförmige Aufbau vorne deutlich über das Fahrwerk. Frontal war eine leistungsfähige 75-mm-Kanone eingebaut, die dem St. Chamond theoretisch eine hohe Kampfkraft gab.

Beide Panzer sollten sich nicht bewähren. Aufgrund mangelnder Erfahrungen im Panzerbau war die Geländegängigkeit nur unzureichend. Bei schneller Fahrt schaukelten sich die Fahrzeuge auf, die vorragende Front bohrte sich leicht in den Boden.

Der St. Chamond basierte auf dem Fahrgestell des CA1. Dank der großen Überhänge an Front und Heck war die Geländegängigkeit sehr gering. Bild: Sammlung Thomas Anderson

Schützenpanzer Teil 1

14

Von »The Pig« zum »Eisenschwein«

Schützenpanzer stellen eine Sonderform des Panzers dar. Die leicht gepanzerten Fahrzeuge dienen in erster Linie zum Transport einer gewissen Zahl von Soldaten – Infanteristen. Unbeschadet von Gewehrfeuer und Granatsplittern können diese nach dem Erreichen des Einsatzgebiets ihre Aufträge erfüllen.

Der erste Schützenpanzer

Als erster Vertreter dieser Fahrzeuggattung darf der britische Tank Mk IX gelten. Im Ersten Weltkrieg entworfen, entsprach dieses Fahrzeug technisch im Großen und Ganzen den fast zeitgleich eingeführten Panzern. Der Mk IX trug keine schweren Waffen, zwei Lewis-Maschinengewehre dienten zur Selbstverteidigung. Im Inneren war Platz für 30 voll ausgerüstete Infanteristen. Dank seiner hohen Geschwindigkeit von bis zu 32 km/h konnten diese auf guten Straßen schnell verlegt werden. Die

Der britische Mk IX war der erste Schützenpanzer der Welt. In das riesige Fahrzeug passten 30 Infanteristen. Bild: Gray

Truppe nannte den Mark IX, wohl wegen seiner ausgeprägten Frontpartie, »the Pig«, das Schwein.

Bis zum Zweiten Weltkrieg sollten die Industrienationen verschiedene Ansätze verfolgen, zur massenhaften Einführung kam es erst im Zweiten Weltkrieg. Amerika führte den M3 half track ein, ein leicht gepanzertes Halbkettenfahrzeug, das bis zu elf Soldaten unter Panzerschutz transportieren konnte. Die Vorzüge lagen auf der Hand. Das Fahrzeug erreichte einerseits auf befestigten Wegen hohe Geschwindigkeiten, dank der Kombination des Halbketten-Laufwerks mit einer angetriebenen Vorderachse stellte leichtes Gelände kein Problem dar. Wie zuvor »the Pig«, waren die M3 nicht für den Kampfeinsatz geschaffen.

Schützenpanzer der DDR

Auch nach dem Krieg sollten ähnliche Konzepte weitergeführt werden. Ein gutes Beispiel war der BTR-152, ein sechsradgetriebener gepanzerter Lkw. Die Geländegängigkeit war stark eingeschränkt, insbesondere in tiefem Schlamm oder bei steilen Steigungen. Auf der anderen Seite hatte die Bauweise Vorteile. Der BTR-152, bei der NVA auch »Eisenschwein« genannt, war wirtschaftlich herzustellen und verhältnismäßig leicht zu warten.

Der französische Lorraine 39 L von 1939 war eine zukunftsweisende Entwicklung. Im Innenraum fanden zehn Soldaten Platz. Bild: Library of Congress

Der M3 half track war als Halbkettenfahrzeug ausgelegt. Der Aufbau bot keinen ausreichenden Schutz gegen Infanteriewaffen. Bild: NARA

Der BTR-152 war ebenfalls kaum mehr als ein geschütztes Transportfahrzeug. Er basierte auf einem dreiachsigen Lkw-Fahrgestell mit eingeschränkter Geländegängigkeit. Bild: Slg. Anderson

Erste Abwehrmittel gegen Panzer

15

Jagd auf die stählernen Ungetüme

Der massenhafte und überraschende Einsatz von Panzern ab 1916 sollte die deutsche Seite unter Zugzwang setzen. Die in den Schützengräben liegenden deutschen Soldaten mussten erkennen, dass die ihnen zur Verfügung stehenden Waffen nichts gegen die neue Bedrohung durch Tanks ausrichten konnten. Es sollte oft zu Panikreaktionen kommen.

Zunächst mussten leichte Geschütze der Artillerie (7,5 bis 10,5 cm) zur Bekämpfung herangezogen werden. Die Sprengwirkung der Geschosse konnte die vertikal stehenden Panzerplatten stark beschädigen und eindrücken, auch Treffer gegen das Gleisketten-Laufwerk konnten Tanks neutralisieren. Die relative Unbeweglichkeit dieser Geschütze machte deren Einsatz riskant und letztlich ineffektiv.

Der Infanterie selbst standen außer Karabiner und Maschinengewehr 08 keine geeigneten Waffen zur Verfügung. Diese konnten mit der verfügba-

Das T-Gewehr im Einsatz. Die 13-mm-Büchse hatte vermutlich einen enormen Rückschlag.

Bild: Sammlung Thomas Anderson

Fischers Tankgeschütz war ein erster Schritt hin zu einem leicht beweglichen Panzerabwehrgeschütz. Bild: Sammlung Thomas Anderson

ren 7,92-mm-Munition die Panzerungen der Tanks nicht durchdringen. Erst mit Einführung der SmK-Geschosse (Spitzgeschoss mit Kern) verbesserte sich die Lage, auf 400 Meter konnten 8,5 Millimeter Stahl durchschlagen werden. Auch damit war ein aussichtsreicher Kampf gegen die Tanks kaum möglich.

Die Entwicklung geeigneter Panzerabwehrwaffen, die alle Kriterien hinsichtlich Gewicht und ballistischen Leistungen erfüllten, sollte erst zum Ende des Krieges abgeschlossen ein. Zunächst sollte 1918 das T-Gewehr eingeführt werden. Diese Waffe, im Prinzip ein überdimensionierter Karabiner mit einem Kaliber von 13 Millimetern, konnte die 12-Millimeter-Panzerung des britischen Mark IV noch auf 1.700 Meter sicher durchschlagen. Eine zerstörende Wirkung war jedoch nicht garantiert.

Das 3,7-cm-Tankgeschütz der Firma Fischer war ein weiterer wichtiger Schritt. Diese Waffe war aufgrund ihrer geringen Größe leicht in Frontnähe zu bewegen. Die Munition war in der Lage, auf 500 Metern Entfernung immerhin 16 Millimeter zu durchschlagen. Die kleine Sprengladung hatte beträchtliche Wirkung im Inneren.

Eine runde Sache?

16

Mit dem Kugelpanzer unterwegs

Zu den eher ungewöhnlichen Entwicklungen auf dem Gebiet der Panzer gehört zweifellos der Kugelpanzer. Bereits im Ersten Weltkrieg ersannen die Franzosen einen rollenden Schutzschild von runder Form. Diese Idee sollte nicht umgesetzt werden, nur wenig ist bekannt.

Science Fiction – oder nicht?

1936 geisterte die Idee wieder durch den Blätterwald. Popular Mechanics, eine populär-wissenschaftliche Illustrierte, beschrieb ein ungefähr kugelförmiges gepanzertes Fahrzeug, dessen äußere Abschnitte durch einen kleinen Motor angetrieben werden sollten. Die Lenkung erfolgte durch unterschiedliches Ansteuern bzw. Bremsen der »Laufflächen«, ähnlich wie bei Kettenfahrzeugen. Eine mehrköpfige Besatzung sollte das Fahrzeug selbst und die Waffen bedienen. Unnötig zu sagen, dass diese interessante, doch etwas wirre Idee in den USA nicht umgesetzt wurde.

Der in Kubinka ausgestellte Kugelpanzer sollte vermutlich der Aufklärung dienen. Bild: Thomas Anderson

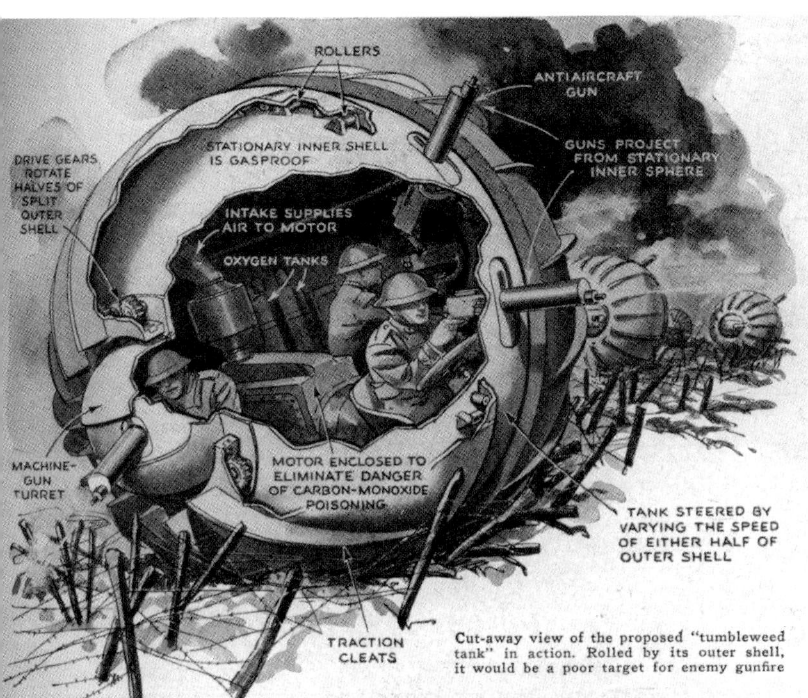

Über Stock und Stein! So stellte sich die britische Regenbogen-Presse den Einsatz der Kugelpanzer vor. Bild: Sammlung Thomas Anderson

Der deutsche Kugelpanzer

Einer kleinen Sensation gleich kommt es, dass im russischen Panzermuseum Kubinka ein deutsches Beutestück ausgestellt ist, der einzige je gebaute »Panzer« dieser exzentrischen Bauweise. Auch hier sollte ein gekapselter Motorrad-Motor zwei seitliche Laufflächen antreiben. Ein hinterer Ausleger stabilisierte die Kugel und ermöglichte die Lenkung dank kleiner Rollen. Eine Bewaffnung war nicht vorgesehen, möglicherweise sollte das Fahrzeug als leicht gepanzerter Aufklärer im Frontgebiet eingesetzt werden.

Der Kugelpanzer war auf Straßen oder mehr oder weniger festes Terrain angewiesen. Im tiefen Schlamm oder Schnee muss die Geländegängigkeit unzureichend gewesen sein.

Der Verlauf des Krieges brachte auch diese Entwicklung zu einem jähen Ende. Es ist mehr als fraglich, ob diese Idee technisch funktioniert hätte. Die Lenkbarkeit im Gelände war vielleicht das größte Problem.

Panzer an der Heimatfront

17

Propaganda

In Zeiten des Krieges gibt es immer zwei Fronten. Auf der einen wird um Gelände gekämpft, auf der anderen um Herzen und Seelen. Und immer geht es um Herrschaftssicherung. Die jeweiligen Machthaber, Diktatoren, Kaiser und Könige oder gewählte demokratische Regierungen sind immer bemüht, sich im eigenen Land Rückhalt zu verschaffen oder diesen zu verstärken. Das Werkzeug dafür gibt die Propaganda, der gerade während militärischer Konflikte ein hoher Stellenwert eingeräumt wird.

Im Ersten Weltkrieg sollten die Instrumente moderner Werbung geschaffen werden. Die eigene moralische Überlegenheit, der Durchhaltewille angesichts großer wirtschaftlicher Not, die Überlegenheit der eigenen Streitkräfte sollten als möglichst einfache Botschaften unter das Volk gebracht werden. Massenhafte Plakataktionen waren das Mittel der Wahl, teilweise entfalteten diese eine große Wirkung.

So gelang es der amerikanischen Regierung, ihre eher neutral gestimmte und in weiten Teilen prodeutsch eingestellte Bevölkerung erfolgreich auf den Kurs der Entente zu bringen. Stilistisch stark überzeichnet, wurden der preußische Militarismus und deutsche Gräueltaten angeprangert.

Die Plakatkünstler nutzten alle möglichen Mittel. Emotionale Abbildungen von Kriegsopfern und Kindern wurden möglichst plakativ verwendet, um

Eine amerikanische Idylle mit Panzer. Bild: Library of Congress

Wir schlagen sie –
und zeichnen
Kriegsanleihe!

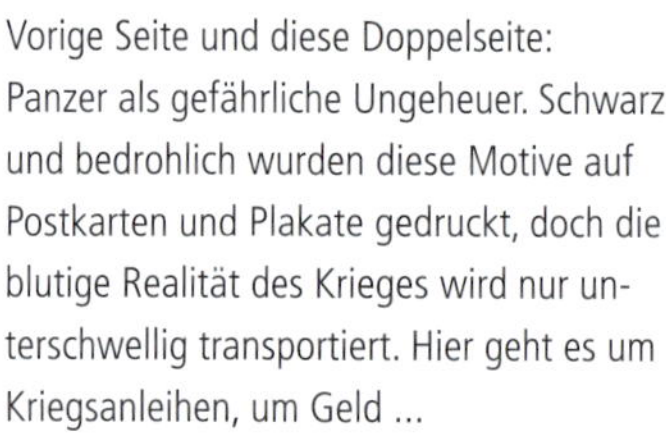

Vorige Seite und diese Doppelseite: Panzer als gefährliche Ungeheuer. Schwarz und bedrohlich wurden diese Motive auf Postkarten und Plakate gedruckt, doch die blutige Realität des Krieges wird nur unterschwellig transportiert. Hier geht es um Kriegsanleihen, um Geld ...

Bilder: Sammlung Thomas Anderson und Library of Congress

größtmögliche Aufmerksamkeit zu erregen. Auch Tanks, diese High-Tech-Waffen des zwanzigsten Jahrhunderts, waren beliebte Motive.

Panzer dienten auch als geeignetes Vehikel, um Kriegsanleihen an den Mann zu bringen. Dabei entbehrt es nicht einer gewissen Ironie, dass auf deutscher Seite mangels eigener Entwicklungen immer Abbildungen britischer Panzer genutzt wurden. Später sollten fotografische Abbildungen und der junge Film die Plakatierungen unterstützen.

Renaults FT

18

Louis baut einen Panzer

Louis Renault war ganz sicher ein automobiles Genie. Zusammen mit zwei Brüdern gründete er die bis heute erfolgreiche gleichnamige Firma. Neben der kaufmännischen Führung des Unternehmens entwickelte er zahlreiche Patente, darunter die Kardanwelle und den Turbolader.

Kurz nach Beginn des Ersten Weltkriegs wurde er von der französischen Armeeführung mit der Entwicklung eines gepanzerten Kampffahrzeugs beauftragt. Nach anfänglichem Zögern sagte er zu. Er erhielt kein Lastenheft, sondern führte die gesamte Entwicklung eigenverantwortlich durch. Während andere französische Firmen schwere Typen entwickelten, wollte er einen Panzer mit einem Höchstgewicht von sieben Tonnen. In großen Stückzahlen verfügbar, sollte dieser deutsche Stellungen konzentriert angreifen und dank seiner Beweglichkeit und Bewaffnung den Durchbruch erlangen.

Renault schuf einen selbsttragenden Panzerkasten. Im hinteren Teil war ein Renault Vier-Zylinder-Motor mit einer Leistung von etwa 40 PS eingebaut, Lüftung und Tanks lagen gut geschützt zwischen Motor und Kampfraum. Getriebe und Antriebsrad waren hinten untergebracht. Die Kette nach Holt-Patent lief auf neun kleinen Rollen, vorne war ein bemer-

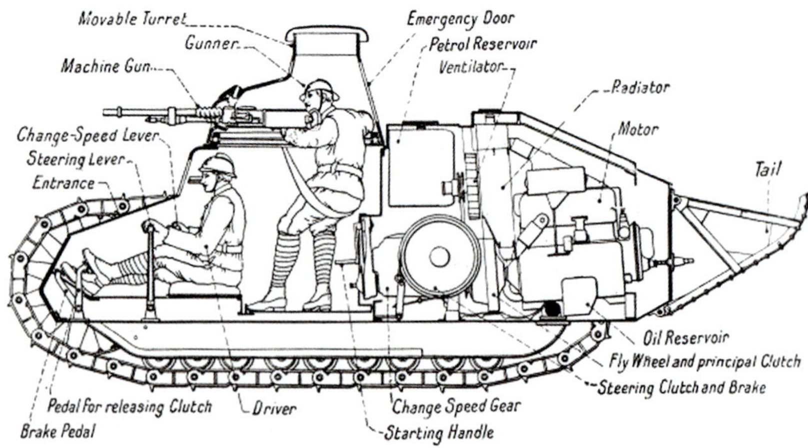

Renault FT. Der hinten liegende Ausleger diente als Graben-Überschreithilfe. Bild: Doyle

Der Renault FT war klein und trotz seiner geringen Geschwindigkeit sehr beweglich. Der Drehturm erlaubte auch die Bekämpfung seitlich liegender Ziele Bilder Sammlung Thomas Anderson

kenswert großes Leitrad montiert. Oben sorgten sechs Stützrollen für eine gute Führung. Die Kettenspannung erfolgte automatisch. Der Vergaser war so ausgelegt, dass der Motor in jeder Lage sicher mit Benzin versorgt wurde. So waren bemerkenswerte Steigleistungen möglich. Am Heck war ein Ausleger montiert, der das kurze Fahrzeug beim Überschreiten von Gräben unterstützte.

Als erster serienmäßig hergestellter Panzer verfügte der FT über einen Drehturm, in dem entweder ein Maschinengewehr oder eine 37-mm-Kanone eingebaut war. Der Drehturm erlaubte die Bekämpfung von seitlichen Zielen, ohne die Stoßrichtung zu ändern.

Die Besatzung bestand aus zwei Mann, dem Fahrer und dem Kommandanten. Letzterer musste zugleich die Bewaffnung bedienen.

Die Konstruktion des Renault FT sollte die Entwicklung weltweit beeinflussen. Somit gebührt diesem Panzer ein herausragender Platz in der Militärgeschichte.

Debut des A7V

Der erste deutsche Panzer

19

Das deutsche Kaiserreich sollte mit einiger Verzögerung mit der Entwicklung von Panzern beginnen. Rad-Panzerwagen waren in geringer Zahl vorhanden und standen mit gewissem Erfolg im Einsatz, neben ihrer technischen Unzuverlässigkeit waren diese durch ihre absolut ungenügende Geländegängigkeit eingeschränkt. Der erste Masseneinsatz von Tanks durch die Briten veranlasste das Kriegsministerium, eine neue Dienststelle einzurichten. Man beauftragte einen erfahrenen Ingenieur, Joseph Vollmer, mit der Entwicklung eines vergleichbaren Waffensystems.

Dieses gepanzerte Fahrzeug sollte in der Lage sein, Gräben von 1,5 Metern Breite zu überqueren. Vollmer musste die Arbeit ohne Erfahrungswerte beginnen und stand vermutlich unter großem Zeitdruck. Das Fahrgestell eines Holt-Tractors diente als Vorbild, und wurde in größerem Maßstab kopiert. Man entschied sich, auf das Fahrgestell einen großen Panzeraufbau zu setzen, darauf einen Drehturm. Zunächst war der Einbau von zwei Kanonen an Front und Heck vorgesehen. Der erste Prototyp zeigte dann je-

In der Panzer-Werkstatt! Zunächst musste das deutsche Heer erbeutete englische Tanks anpassen und nutzen. Bild: NARA

»Hagen« und »Schnuck«, zwei A7V auf dem Weg zu Front. Der Kampfwert der rollenden Bunker war begrenzt. Bild: Sammlung Thomas Anderson

doch nur ein Geschütz vorne. Insgesamt sechs Maschinengewehre wurden eingebaut, somit war das Fahrzeug, Sturmpanzerwagen A7V genannt, rundum gut bewaffnet. Die Panzerung betrug frontal 30 Millimeter. Da kein geeignetes Geschütz zur Verfügung stand, wurden in Belgien erbeutete britische 5,7-cm-Maxim-Nordenfeldt-Geschütze verwendet. Diese wurden auf einer Sockellafette mit beschränktem Seitenrichtfeld montiert.

Die Motoren, zwei Daimler-Benz Vier-Zylinder von je 200 PS Leistung, waren auf dem Fahrgestell mittig eingebaut. Darüber befand sich der Führerstand, es wurde einem kleinen Turm gleich auf dem Panzerkasten aufgesetzt. Bei Eisenbahntransporten konnte dieser Turm platzsparend zusammengeklappt werden. Die Besatzung war mit 18 bis 25 Mann ungewöhnlich groß. Fahrzeugführer und Fahrer saßen im Führerstand, einige Techniker überwachten die Motoren.

Bei den ersten Einsätzen zeigte sich, dass die Geländegängigkeit des Sturmpanzerwagens ungenügend war. In tiefem Schlamm war kein Vorwärtskommen mehr möglich. Auch versagte das Fahrzeug bei starken Steigungen, ein Überschreiten der meisten Stellungsgräben war ebenso nicht möglich. Bis Ende des Krieges sollten nur 20 Sturmpanzerwagen gebaut werden.

Leben und Kampf im Panzer

Stress, Lärm und Hitze

20

Die ersten Panzer entstanden ohne jegliche Erfahrung. Die Ingenieure schufen wohl komplexe technische Systeme, auf die gesundheitlichen Belange der Besatzung wurde dabei keine Rücksicht genommen.

Es gab keine sichtbare und funktionelle Unterteilung des Innenraums. Motor und weitere Komponenten der Kraftübertragung lagen mehr oder weniger offen im großen Kampfraum. Dies hatte einen naheliegenden Grund, Mechaniker mussten während des Betriebs ständig Zugriff auf wesentliche Bauteile haben, um technische Probleme zu lösen.

Die Besatzung eines britischen Tanks Mark I bestand aus acht Soldaten. Der Kommandant assistierte nebenbei dem Fahrer beim Bedienen der Bremsanlage. Weitere zwei Mechaniker legten die Gänge des Wechselgetriebes ein und überwachten den 105 PS starken Daimler-Knight-Motor. Vier Männer bedienten die Waffen, bei »männlichen« Varianten zwei 6-Pounder-Geschütze und drei Hotchkiss-MG.

Der offenliegende Motor erhitzte den Innenraum des Panzers schnell auf über 50°, im Sommer konnten diese Werte noch übertroffen werden. Verbrennungen an heißen Metallteilen waren nicht selten. Undichtigkeiten in der Abgasabführung konnten zu CO_2-Vergiftungen führen. Im Einsatz produzierten die Waffen Pulvergase und andere Verbrennungsrückstände, die den Innenraum zusätzlich mit einem beißenden Gestank füllten. Es gab keine funktionierende Lüftung, das Atmen fiel schwer, Bewusstlosigkeit drohte. Die einfache Konstruktion der Kraftübertragung führte zu einer ruckartigen Fahrweise, wegen der fehlenden Federung konnten in schwerem Gelände harte Stöße nicht abgemildert werden. Die Besatzung hatte keine Sicht und damit keine Chance, sich auf die Folgen dieser Fahrweise vorzubereiten. Fiel ein Panzer nach Überfahren einer Kuppe zurück auf den Boden, kam es oft zu Prellungen, und mitunter zu Knochenbrüchen.

Bei Beschuss konnten Teile der Panzerung absplittern, herumfliegende Metallteile drohten die Besatzung zu verletzen. Die Männer trugen als Schutz dicke, wattierte Uniformen und Schutzhelme. Das Gesicht wurde durch Splittermasken geschützt, die die Sicht behinderten.

Der Motor der frühen Panzer lag offen im Kampfraum, damit Mechaniker immer Zugriff auf die anfälligen Aggregate hatten. Rechts: Schutzausrüstung eines englischen Panzerfahrers. Bilder: Doyle

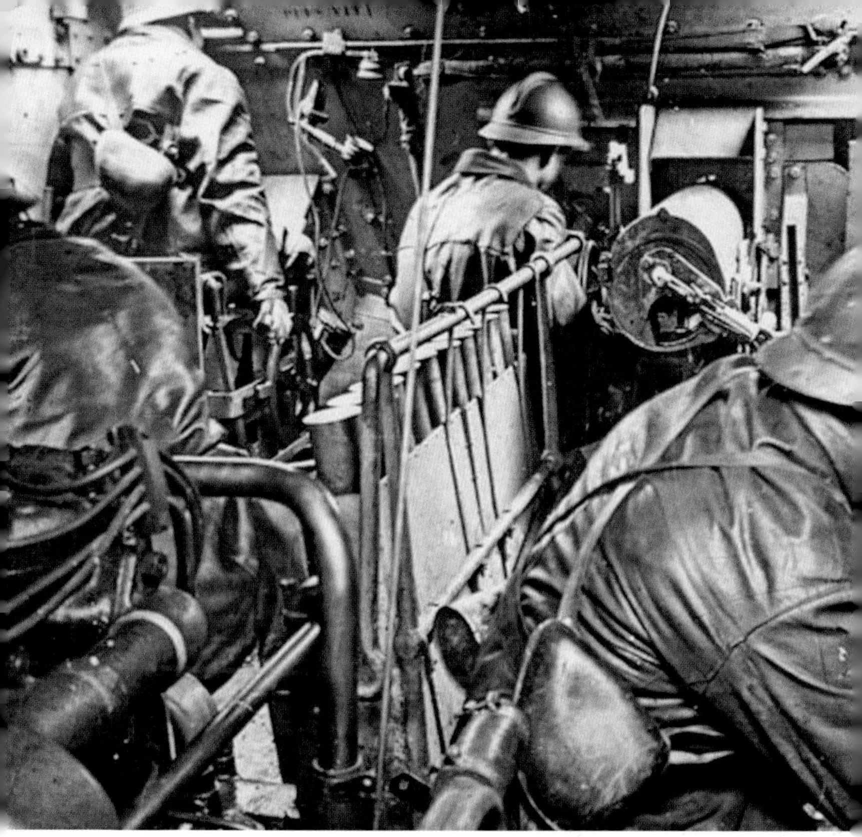

Zwischen den Kriegen

21

Panzer in den Dreißigern

Ab 1930 entstanden, trotz der Wirren der Weltwirtschaftskrise, die ersten modernen Massenheere. Panzer waren ein wichtiges Standbein dieser Armeen.

Frankreich führte eine Reihe neuer Fahrzeuge ein. Unter anderem wurde der inzwischen veraltete Renault FT durch einen Nachfolger, den Char D, ersetzt. Ungefähr zeitgleich wurde ein mittlerer Kampfpanzer in ähnlicher Bauweise entwickelt. Der Char D2 war mit 40 Millimetern frontal gut gepanzert, die 47-mm-Kanone hatte eine hohe Feuerkraft. Aus wirtschaftlichen Gründen wurden weniger als 100 Fahrzeuge eingeführt. Die französische Armee musste bis Ende der 1930er-Jahre warten, bis mit dem Char B1 und dem Somua S35 moderne Kampfpanzer zur Verfügung standen.

Großbritannien, Deutschland und die UdSSR

England hatte bereits Ende der 1920er den Vickers Medium Mk II eingeführt. Diese ungewöhnliche Entwicklung entstand in genieteter Bauweise, Motor und Antrieb lagen vorne. Auch dieser Panzer wurde bis Kriegsbeginn durch modernere Typen, die Infantry und Cruiser Tanks, ersetzt.

Das Deutsche Reich sollte 1930 ebenfalls mit der Fertigung von Panzern beginnen. Zunächst ging ein betont einfaches Gefechtsfahrzeug, der PzKpfw I, in Produktion, etwa 1.700 sollten in zwei Varianten hergestellt werden. Grund-

Der Char D2 war einer der vielen Panzertypen, die in den 1930er-Jahren in Frankreich entstanden. Bild: Münch

Der englische Vickers Medium Mk II hatte ein 47-mm-Geschütz und vier Maschinengewehre, eines ist hier zur Fliegerabwehr ausgebaut. Bild: Sammlung Thomas Anderson

sätzlich sollten diese Panzer nur der Erstausstattung der Panzerdivisionen dienen, ein Kriegseinsatz war nicht geplant. Zusätzlich wurden 300 Fahrschulwannen und 200 gepanzerte Befehlsfahrzeuge gebaut. Obwohl bis 1939 modernere Panzer zur Verfügung standen, blieben die PzKpfw I trotz ihres geringen Kampfwerts im aktiven Dienst.

Russland investierte sehr viel in seine Rüstung. Ab 1933 sollten zwei sehr unterschiedliche Typen in großen Mengen angeschafft werden. Der Infanteriepanzer T-26 basierte auf Lizenzen des britischen Vickers 6 t tank, der schnelle Kavallerie-Panzer BT auf der Arbeit des exzentrischen Amerikaners Christie. Vom T-26 wurden etwa 10.000, vom BT mehr als 7.000 Exemplare gefertigt.

Ein russischer BT-2.
Bild: Sammlung Th. Anderson

Der M1921 war eine frühe Schöpfung Christies. Frontal war ein 37-mm-Geschütz eingebaut.

Bild: Library of Congress

22 Christie – Der Visionär

Schneller ist besser!

John Walter Christie – genial und unkonventionell – war der Urtyp des amerikanischen Unternehmers. Der Ingenieur begann seine Karriere im Stahlbau, heuerte dann bei verschiedenen Dampf-Reedereien an, um schließlich an Patenten für U-Boote zu arbeiten. 1908 baute der begeisterte Autonarr Rennwagen. Als in Europa der Erste Weltkrieg tobte, entwickelte er eine vierrädrige Selbstfahrlafette für die amerikanische Artillerie. Obwohl die Army Interesse zeigte, war der notorische Querkopf nicht gewillt, sein Konzept den Forderungen der Beschaffungsbehörden anzupassen. 1924 bot er dem Marine Corps einen amphibischen Panzer an, um wiederum an der Bürokratie zu scheitern.

Vom M1928 zum T-34

Vier Jahre später folgte sein Meisterstück, der M1928. Dieses Kettenfahrzeug war, mit Verlaub, besonders! Der größte Teil des Innenraumes wurde durch einen Liberty 12-Zylinder-Flugzeugmotor eingenommen, der beachtliche 450 PS lieferte. Das Fahrwerk bestand aus vier großen Laufrädern, die einzeln durch große Schraubenfedern abgefedert wurden.

Der Antrieb erfolgte hinten. Um höchste Geschwindigkeiten zu erreichen, konnten die Ketten angenommen werden. Die vorderen Laufräder waren lenkbar, die beiden hinteren konnten über eine Motorradkette angetrieben werden. Ohne Ketten wurden dann auf guten Straßen Spitzengeschwindigkeiten von mehr als 110 km/h erreicht, auf Ketten immer noch 67 km/h. Das »Christie-Fahrwerk« war geboren.

Der M1926 amphibious tank war schwimmfähig ausgelegt. Bild: Library of Congress

Zwei Jahre später stand dann der M1931. Im Unterschied zum Vorgänger trug dieser einen kleinen Drehturm mit einem 37-mm-Geschütz. Das amerikanische Militär zeigte wieder durchaus Interesse, sollte sich letztlich aber erneut gegen Christies Schöpfung entscheiden. J. Walter Christie sollte seine Patente am M1931 schließlich an die Sowjetunion verkaufen, nur zehn Jahre später entstand daraus der revolutionäre T-34. Der unermüdliche Ingenieur sollte weiterarbeiten, und die Höchstgeschwindigkeit seiner Panzer auf 200 km/h erhöhen. Weltrekord!

Mit dem M1928 entstand das typische Christie-Laufwerk. Bild: Library of Congress

Niete für Niete

23 Die Panzerung

Eines der wesentlichen Merkmale eines Panzers ist – na, natürlich die Panzerung. Die Herstellung von Panzerplatten im Walzverfahren war lange bekannt, erste Walzwerke entstanden gegen Ende des 18. Jahrhunderts in England. Ein Problem war die Montage komplexer Formen wie Gehäuse.

Das Nieten von Panzerplatten war bis zur Mitte des Zweiten Weltkriegs wegen ihrer allgemeinen Verfügbarkeit und des insgesamt geringen Aufwands die wohl am weitesten verbreitete Montagetechnik. Die Schweißverfahren waren zu dieser Zeit noch nicht ausgereift. Gussstahl mit seiner höheren Festigkeit war zeitaufwendig und teuer.

Ein großer Nachteil der Nietbauweise bestand darin, dass sich bei feindlichem Beschuss die kinetische Energie auf die Nieten übertrug. Als direkte Folge konnten sich diese lösen und mit extrem hoher Geschwindigkeit abspringen. Das konnte zu schweren Verwundungen führen und hatte oft tödliche Folgen. Treffer größerer Kaliber führten leicht zum Aufplatzen ganzer Nietenreihen und der Zerstörung größerer Flächen. Im Verlauf des Zweiten Weltkriegs sollten alle Hersteller ihre Panzerfertigung auf Schweiß- oder Gusstechnik umstellen.

Dieser britische Mark I (um 1917) bestand aus vielen genieteten Platten kleineren Zuschnitts.

Bild: NARA

Ein Explosivgeschoss zerfetzte den genieteten Turm dieses PzKpfw 38(t). Bild: Sammlung Thomas Anderson

Mit einem gigantischen Nietenhammer werden Nieten an einen M3 Medium Tank gesetzt, USA 1941. Bild: Library of Congress

Ist Guss besser?

Noch mehr Panzerung

24

Das Herstellen von Werkstücken im Schmelzverfahren war vermutlich die früheste Verarbeitungsart von Eisen bzw. Stahl. Die gegossenen Teile konnten leicht weiterverarbeitet, also geschmiedet oder geschärft, werden. Gussstahl sollte frühzeitig auch zur Fertigung von kompletten Panzerungen oder Einzelteilen verwendet werden.

Bereits 1917 sollte ein Teil der französischen Renault-FT-Fertigung mit Gusstürmen ausgestattet werden. Auch die deutlich größeren Türme der in den 1930er-Jahren eingeführten Char B1, Char D2 und Somua S-35 waren einteilige Gussstücke. Teilweise sollten auch die Wannen gegossen werden. Deutschland sollte sich dagegen früh gegen die Gusstechnik entscheiden, Wannen und Türme entstanden seit den 1930ern ausschließlich aus Walzstahl.

Oben: Der Gussturm eines T-62. Bild: Netrebenko
Unten: Ein britischer Churchill. Bild: Doyle

Die von Russland im Jahr 1941 eingeführten mittleren Panzer T-34 und KW wurden in Mischbauweise gefertigt, abhängig vom Herstellerwerk wurden Türme gegossen oder geschweißt.

Auch beim amerikanischen M4 Sherman, der in ähnlich großen Stückzahlen wie der T-34 gefertigt wurde, wurde diese Technik in großem Maßstab genutzt. Einige Hersteller produzierten Türme und Panzerkästen in Gussstahl, andere nur Türme.

Nach dem Krieg setzte sich diese Technik bei den

Auch der Leopard von 1970 wurde mit einem Gussturm ausgestattet. Bild: Guglielmi

Panzern fast aller Nationen durch. Der deutsche Leopard, die amerikanischen M48 und M60, die russischen T-55 und T-62, sie alle waren mit gegossenen Türmen ausgestattet. Die Vorteile liegen auf der Hand. Das Verfahren erlaubt zum Beispiel die Fertigung auch komplizierter Formen. Weiter kann die Stärke der Panzerung leicht in unterschiedlichen Stärken ausgeführt werden. Bei der Großserien-Fertigung, wie im Fall des T-34 sowie des M4 Sherman, kann Gussstahl auch wirtschaftlicher sein.

Guss ist im direkten Vergleich mit Walzstahl gegen Beschuss empfindlicher. Deutsche Untersuchungen im Zweiten Weltkrieg haben ergeben, dass zur Erreichung derselben Schutzniveaus Gussteile 20 bis 30 Millimeter stärker ausgelegt seine müssen.

Exportschlager

Mit dem Sechstonner in die Welt

25

Die Firma Vickers ist ein gutes Beispiel für den internationalen Waffenhandel. Der vielleicht wichtigste Beitrag zur Waffentechnik war der Vickers 6-ton tank. Der leichte Panzer wurde 1928 in Eigeninitiative entwickelt. Dabei wurde größter Wert auf Wirtschaftlichkeit gelegt. Die Wanne war aus kleineren genieteten Stahlplatten zusammengesetzt, was die Fertigung erleichterte. Auch der Turm entstand auf diese Weise.

An der Wanne waren zwei Rollenwagen mit jeweils vier kleinen Laufrollen angesetzt, die durch kleine Federpakete abgefedert wurden. Die Antriebstechnik war konventionell, hinten war ein Benzinmotor eingebaut, der Antrieb selbst erfolgte über eine Kardanwelle vorne. Die Haltbarkeit der Ketten war mit fast 5.000 Kilometern deutlich besser als bei der Mehrzahl anderer Panzer.

Vickers bot zwei verschiedene Einsatzkonzepte an. Ein Infanteriepanzer trug zwei Türme, die mit je einem Maschinengewehr bewaffnet waren (Typ A). Der Typ B hatte einen größeren Zweimann-Turm, der ein 47-mm-Geschütz trug.

Die englischen Beschaffungsbehörden sollten die Entwicklung von Vickers nicht annehmen. International erwies sich der Panzer jedoch als großer Erfolg. Russland erwarb Lizenzen und führte beide Typen nach gründlicher Umkonstruktion als T-26 ein, mehr als 12.000 sollten gebaut werden. Ein weiterer wichtiger Lizenznehmer war Polen.

Der Panzer sollte während des Spanischen Bürgerkriegs eingesetzt werden. Im Zweiten Weltkrieg erwies sich der Panzer als veraltet, er sollte aber noch bis 1944 im Einsatz stehen.

Der Vickers 6-ton tank war ein leichter britischer Panzer für den Export. Bild: Doyle

Walzstahl

26

Plattgewalzt

Die meisten Panzerfahrzeuge im Zweiten Weltkrieg wurden aus Stahlguss oder Walzstahl hergestellt. Walzstahl erreicht dabei eine deutlich höhere Festigkeit. Dies wird durch das spezielle Herstellungsverfahren erreicht. Der Rohstahl wird in einem Walzwerk erhitzt und zwischen zwei Walzen hindurchgeführt, um ihn in die gewünschte Form zu bringen. Durch dieses Verfahren wird die Struktur des Stahls verdichtet, was zu einer höheren Festigkeit führt. Deutschland sollte früh Walzstahl im Panzerbau verwenden. Das Material ist sehr widerstandsfähig gegen Verformungen und Brüche, was es ideal für den Einsatz in Panzerkonstruktionen macht. Dazu wurde auch eine moderne Schweißtechnik entwickelt. Die Dicke der Platten sollte im Verlauf des Krieges stark ansteigen. Panzer wie der PzKpfw I nutzten Stärken von maximal 14,5, der Jagdtiger von 250 Millimetern.

Die Technik

Grundsätzlich war die Arbeitsweise ähnlich. Nach dem Walzen der Bleche wurden die Platten im Autogen-Brennverfahren auf Maß geschnitten. Nach der Fertigbearbeitung können die Platten fallweise oberflächengehärtet werden. Dieses Verfahren verändert die Kristallstruktur im Bereich einiger Millimeter, während die Kernfestigkeit unverändert bleibt.

Das Autogenbrennen eignet sich hauptsächlich zum Schneiden von dickem Metall. Das Verfahren ist jedoch relativ langsam und kann ungleichmäßige Schnitte erzeugen. Aus diesem Grund werden heutzutage oft schnellere und präzisere Trennverfahren wie das Plasmaschneiden oder Laserschneiden eingesetzt. Die aus dem Ausgangsmaterial herausgeschnittenen Platten wurden in Haltevorrichtungen gespannt, wo sie dann, oft verzahnt, verschweißt wurden.

Eine Panzerwanne in der Schweiß-Vorrichtung. Bild: Sammlung Thomas Anderson

Zwitter im Gefecht?

27 Räder-Raupenfahrzeuge

Die Tanks des Ersten Weltkriegs hatten gezeigt, dass sie dank ihres Gleisketten-Antriebs in der Lage waren, auch schweres Gelände zu bewältigen. Die frühen Kettenlaufwerke waren technisch nicht ausgereift und zeigten eine hohe Anfälligkeit. Waren vor dem Einsatz lange Anmarschwege nötig, so bestand immer die Gefahr, dass die Tanks ausfielen. Auch verschlissen die Kettenglieder über Gebühr, was Reparaturen nach sich zog.

Radpanzer waren kein Ausweg, da diese nicht die nötige Standfestigkeit im Gefecht hatten. Nach dem Krieg investierten viele Nationen in Forschungen, um die Kinderkrankheiten der Gleisketten zu beheben. Parallel sollten auch technische Alternativen erprobt werden.

Oben: Ein SdKfz 254 bei der Straßenfahrt. Bild: Hoppe
Unten: Der Vickers wheel-cum-track. Bild: Mike Kirby

Ein ungewöhnlicher Ansatz wurde von Frankreich und England verfolgt. Wheel-cum-Track oder Zwitter-Laufwerke sollten die Vorteile von Ketten- und Radfahrzeugen verbinden. An die Panzerkästen der Tanks wurden absenkbare Hilfsachsen mit konventionellen gummibereiften Rädern montiert. Die Hinterräder waren durch einen Mechanismus mit dem Antrieb des Panzers verbunden, die Vorderräder in geringem Maße lenkbar. Diese Technik erlaubte in der Theorie auf guten Straßen ein materialschonendes Verlegen ganzer Verbände

Ein Austro-Daimler ADMK. Bild: Sammlung Thomas Anderson

über große Distanzen. Die Marschgeschwindigkeit sollte deutlich höher als auf Ketten sein.

Verschiedene Firmen in Frankreich, England und Schweden bauten in den 1920ern Versuchsmuster, die auf leichten oder mittleren Kampfpanzern basierten. Später stieg auch Saurer in Österreich ein.

Dieser technische Ansatz sollte sich nicht durchsetzen, da er sich als zu aufwendig erwies. Auch waren die Komponenten nicht schusssicher.

Lediglich Saurers RK-7 sollte durch die Wehrmacht weiterverwendet werden. Gut hundert dieser Fahrzeuge wurden mit einem Panzeraufbau versehen und als Beobachtungs-Panzerwagen (SdKfz 254) bei der Divisions-Artillerie verwendet.

Ein SdKfz 254 auf Ketten. Bild: Sammlung Thomas Anderson

Mehrturm-Panzer

Landship, mal wörtlich genommen

28

In den 1920er-Jahren blieb England führend in der Weiterentwicklung des Waffensystems Panzer. Unter den vielen Entwürfen sollte besonders ein Panzer der Firma Vickers hervorstechen. Diesem »Landship« lag die Überzeugung zugrunde, dass Panzer in einem kommenden Krieg ähnlich Schlachtschiffen eingesetzt werden könnten. Mit mehreren Türmen versehen, sollten diese das Gefechtsfeld langsam durchqueren und mit ihrer Hauptbewaffnung lohnende Ziele wie Befestigungen und Geschützstellungen suchen und bekämpfen. Dabei würden sie von leichten Panzern, den Schnellbooten, eskortiert, die mit Maschinengewehren bewaffnet den Kampf gegen MG-Stellungen und Nahkämpfern aufnehmen.

Vickers A1E1

Der von Vickers entwickelte A1E1 Independent trug ein 3-Pounder-Geschütz (47 mm) im mittig aufgebauten Hauptturm. Vier weitere Nebentürme waren mit Maschinengewehren bewaffnet. Bereits während der Entwicklung sollten die Konstruktionspläne durch sowjetische Agen-

Der Vickers Independent in ruhiger See. Bild: Doyle

Dieser sowjetische T-28 wurde von finnischen Truppen erobert und weiter verwendet.

Bild: Sammlung Thomas Anderson

ten erbeutet werden. Während in England das Konzept dieser Kampffahrzeuge nicht weiterverfolgt wurde, entstanden in Russland zwei eigene Entwicklungen, die mutmaßlich durch den Independent beeinflusst wurden.

Sowjetische Entwicklungen

Der T-28 trug eine 76,2-mm-Haubitze im Hauptturm sowie Maschinengewehre in zwei vorne montierten Hilfstürmen. Das 28 Tonnen schwere Fahrzeug erreichte dank eines 500 PS V-12 gute Fahrleistungen.

Der T-35 entstand 1932. Dieser trug ebenfalls eine 76,2-mm-Haubitze im Hauptturm. Weiter wurden vorne rechts und hinten links zwei größere Nebentürme eingebaut. Diese wurden baugleich bei den leichten Panzern T-26 und BT verwendet und trugen ein 45-mm-Geschütz. Zwei weitere ebenfalls diagonal angeordnete Nebentürme trugen Maschinengewehre.

Der Panzerschutz der T-28 und T-35 war entsprechend der Spezifikationen der 1930er-Jahre mit maximal 30 Millimetern eher schwach.

1941 waren etwa 500 T-28 und 60 T-35 verfügbar. Im Einsatz sollten sich die Ungetüme trotz ihrer eindrucksvollen Bewaffnung nicht bewähren, das taktische Konzept war schlicht überholt. Dazu kamen mechanische Probleme. Besonders das Lenkgetriebe war wegen der großen Kettenauflagelänge überfordert, in tiefem Schlamm war das Lenken fast unmöglich.

Ist dicker immer besser?

Passive Verstärkung der Panzerung

29

Die Panzerung ist einer der drei wichtigen Parameter eines Panzers. Auch wenn deren Stärke mit Beginn der Entwicklung eines Panzers durch die Beschaffungsbehörden klar definiert wurde, und auf den ersten Blick als gesetzt erscheint, kann die Panzerung in gewissem Maße beeinflusst werden.

Bereits vor Beginn des Zweiten Weltkriegs sollte die Frontpanzerung der meisten deutschen Panzer durch aufgebolzte Panzerplatten verstärkt werden, um den aktuellen Herausforderungen zu entsprechen. Die PzKpfw III

Bei diesem PzKpfw IV Ausf D wurden Front und Seiten des Aufbaus und die Wannenseiten durch Panzerplatten nachträglich verstärkt. Bild: Müller

Im Laufe weiterer Verbesserungen erhielt der PzKpfw IV Panzerschürzen, die den Panzer gegen seitlichen Beschuss aus Panzerbüchsen schützen sollten. Bild: Sammlung Thomas Anderson

und IV waren nun frontal mit 60 bzw. 50 Millimetern stark genug, um eine relative Sicherheit gegen Beschuss durch die britische 2 Pdr QF gun (40 mm) zu bieten. Ein Erfolg mit garantiertem Ablaufdatum! Die allgemeine Verstärkung der Offensivbewaffnung machte diesen Vorteil bald zunichte.

Andere Staaten reagieren

Ähnliche Maßnahmen wurden durch alle kriegführenden Nationen durchgeführt. Russland sollte den Panzerschutz des ohnehin gut gepanzerten KW durch schwere 30-mm-Platten an Turm und Wanne weiter verbessern. Die Wirksamkeit dieser Panzerverstärkungen war durchaus unterschiedlich. Nicht zu unterschätzen war jedoch der Gewichtsanstieg, der die Beweglichkeit negativ beeinflussen konnte.

Amerika und viele Staaten des Commonwealth nutzten in ihren Panzereinheiten den M4 Sherman. Der Panzer war den modernen deutschen Panzern vom Typ Panther und Tiger leistungsmäßig klar unterlegen. Auch die deutsche Panzerabwehr stellte eine große Gefahr dar. Um der Infanterie einen schweren Sturmpanzer zu geben, wurde eine schwerer gepanzerte Variante in Auftrag gegeben. Der M4A3E2, auch Jumbo genannt, zeigte nun 100 Millimeter Frontpanzerung statt 50, der Turm erreichte sogar 150 Millimeter. Während die deutschen Panzer unter der Last der immer schwerer werdenden Panzerung zu technischen Ausfällen neigten, konnte der M4 dank seines robusten Fahrwerks und der belastbaren Antriebstechnik den Anstieg von 30 auf 38 Tonnen locker vertragen. Auch bei modernen Panzern sollte versucht werden, den Kampfwert durch Verstärkung des ballistischen Schutzes zu erhöhen. Ende der 1980er-Jahre wurde der Leopard durch diverse Maßnahmen verbessert. Der Leopard 1A5 zeigte unter anderem auch eine Zusatzpanzerung am Turm, im Abstand von zehn Zentimetern waren große Polycarbonat-Segmente aufgebolzt.

Um den M4 Sherman sicherer zu machen, wurde der »Jumbo« eingeführt. Die Frontpanzerung der Wanne wurde auf 100, der Turm auf 150 Millimeter verstärkt. Bild: Doyle

Gegenüberliegende Seite oben:
Der Leopard 1A5 erhielt im Zuge einer Kampfwertsteigerung eine Zusatzpanzerung aus Polykarbonat-Platten am Turm. Bild: Sammlung Thomas Anderson

Gegenüberliegende Seite unten:
Auch die Panzerung des Leopard 2 sollte verstärkt werden. Mit dem Baulos 2A5 wurden ballistisch besser geformte Elemente auf die senkrechten Turmflächen montiert. Bild: Bundeswehr

Amphibien …

30 Panzer auf dem Wasser

Panzer wurden entwickelt, um die Wirkung ihrer Waffen unter allen Umständen zuverlässig in die gegnerischen Linien zu bringen. Gepanzerte Kettenfahrzeuge, und mit Einschränkungen auch Radpanzer, haben sich als geeignet erwiesen, auch mit schwerem Gelände klar zu kommen. Gewässer, Seen und Flüsse, bleiben jedoch schwierige Hindernisse. Aktive Truppenführer bauen diese panzerhemmenden Geländeabschnitte in ihre Defensivplanungen ein. Der Angreifer hingegen wird Mittel und Wege suchen, diese Hindernisse zu überqueren. Der Bau von Pionierbrücken oder Fähren, ein probates und bewährtes Mittel, ist jedoch nicht immer möglich.

Amphibische Fahrzeuge sind ein Ausweg. Die Schwimmbarmachung von Fahrzeugen, auch von Panzern, ist kein Hexenwerk. Zum einen bietet die Wanne einen gewissen Auftrieb, der sich durch bauliche Veränderungen noch vergrößern lässt. Grundvoraussetzung ist eine gute Abdichtung. Frühe Lösungen wie Christies »Amphibious Tank« waren nicht viel mehr als große offene Kästen mit einem Kettenlaufwerk.

PT-76 aus russischer Produktion zeigen bei einer (Wasser-)Parade ihre Fähigkeiten.

Bild: Netrebenko

Für die Wehrmacht entwickelt, nicht eingeführt. Ein PzKpfw II wurde 1940 mit einem Schwimmkragen versehen. Bild: Sammlung Thomas Anderson

Die Stärke der Panzerung ist ein Problem, da ein hohes Gewicht eher hinderlich ist. Während in der Zwischenkriegszeit viele Nationen entsprechend Entwicklungsarbeiten durchführten, sollte allein Russland mit aller Kraft leichte amphibische Spähpanzer einführen. Mit diesen, den leichten T-37 und T-40, entstanden erste brauchbare Lösungen.

Auch Deutschland entwickelte Pontons, die über herkömmliche leichte Panzer (PzKpfw II) übergestülpt werden konnten.

Die USA, die im Verlauf des Zweiten Weltkriegs mit diversen Landungsoperationen konfrontiert wurden, führten in enger Zusammenarbeit mit den Briten schließlich den Duplex-Drive ein. Dieser bestand aus einem Leinwand-Aufbau, der bei Bedarf aufgespannt werden konnte. Damit konnten auch Kampfpanzer wie beispielsweise der M4 Sherman von Landungsbooten abgesetzt werden und selbstständig an Küsten anlanden. Diese Lösung hatte ihre Grenzen, die Waffen konnten während der Landung nicht benutzt werden. Weiter kam es zu vielen Verlusten durch Feindfeuer und schwere See.

Seit den 1960ern werden viele Schützenpanzer schwimmfähig ausgelegt. Die USA, Russland und China haben als expansiv ausgerichtete Staaten weiter in leistungsfähige leichte amphibische Panzer investiert. Diese sind entsprechend ihren taktischen Einsatzzwecken zum Teil sehr gut bewaffnet.

Why Don't We Have...

BABY ASSAULT TANK

Tiny but deadly insect-like tri-tracks would spearhead our advancing infantry.

By Frank Tinsley

WE are living in a machine age and our wars have become mechanical, but it's still the muddy, tired infantryman who must storm the

Eine Fantasie: Kleinstpanzer helfen dem GI beim Vormarsch. Heute sind es in der Realität Drohnen. Bilder: Sammlung Thomas Anderson

31 Der kann alles!

Fantastische Waffen in fantastischen Welten

Bereits lange vor der Entwicklung und Einführung der Panzer sollte das neue Waffensystem dankbar von der Tagespresse, von Dime Novels und populärwissenschaftlichen Magazinen aufgegriffen werden. Schon H.G. Wells, einer der frühesten Autoren der utopischen Literatur, beschreibt in seiner Kurzgeschichte »The Land Ironclad« gepanzerte Fahrzeuge, die sich Panzerschiffen gleich über das Gelände bewegen können, unbehelligt vom Feuer des Feindes. Bilder waren wichtig, um die Botschaft im Kopf der Leser zu verfestigen, so entstand ein erster Eindruck des technisch Machbaren in einer nahen Zukunft.

Schon H.G. Wells ließ im Roman »Ironclads« stählerne Ungeheuer die Schlachtfelder durchqueren.

Das Phänomen des Panzers sollte besonders in den 1920er- und 1930er-Jahren immer wieder aufgegriffen werden. Den pseudo-modernen Waffensystemen wurden alle möglichen Fähigkeiten angedichtet, unbekannte Schutzmechanismen und oft geradezu skurrile Waffen. Strahlenkanonen sollten alle Ziele zerstören können, korkenzieherartige Schneckenantriebe gaben eine märchenhafte Beweglichkeit. Einerseits verstellte dies den Blick auf das technisch Machbare, andererseits erhielt der Leser aber einen schrankenlosen Blick in eine utopische Zukunft.

Der Electro-Ray Tank zerstrahlt einen Bunker.
Bild: Sammlung Thomas Anderson

Auch das heutige Genre »Steampunk«, dessen Vertreter unsere technischen Möglichkeiten in das viktorianische Zeitalter transformieren, bilden in ihrem bunten Retro-Look auch Waffen und Panzer ab. Typische Elemente sind Dampfmaschinen und wundersame Zahnrad-Mechanismen, die auch die Steampunk-Panzer antreiben.

Der »Super-War-Tank«, ein sehr kreativer Ansatz. Bild: Sammlung Thomas Anderson

Fliegende Panzer?

Christie will´s noch mal wissen

32

Panzer sind auf festen Boden angewiesen – ist diese Aussage falsch? Was, wenn man einem Panzer Tragflächen und Propeller anbauen könnte? Erst einmal in der Luft, könnten gepanzerte Fahrzeuge schnell ins Territorium des Feindes eindringen. Nach gelungener Landung kann der Kampf aufgenommen werden. Unmöglich?

Nun, ist die Idee erst einmal in der Welt, finden sich Mittel und Wege. Wieder war es John Walter Christie, der aktiv an der Umsetzung arbeitete. Seine schnell laufenden Panzer schienen perfekt geeignet. Er plante, eine turmlose Variante seiner Schöpfungen entsprechend umzubauen. Seine Berechnungen ergaben, dass Doppeldecker-Tragflächen den nötigen Auftrieb für das etwa sieben Tonnen schwere Fahrzeug erzeugen konnten. Das Ungetüm sollte zunächst auf Rädern auf eine Geschwindigkeit von 170 km/h und mehr beschleunigt werden. Kurz vor dem Abheben sollten die 450 PS des Liberty-Flugzeug-Motors auf einen Propeller umgelenkt werden – ready for take-off!

Nach Erreichen des Zielgebietes und der erfolgreichen Landung würde der Panzer dann die Tragflächen abwerfen, und wieder mit Ketten versehen in den Einsatz fahren. Christie sollte diese wahrhaft hochfliegenden Pläne nicht mehr umsetzen.

Entwicklung der Luftlandepanzer

Die Rote Armee entwickelte Mitte der 1930er-Jahre ähnliche Pläne. Einige wurden praktisch umgesetzt und getestet. In die Serienfertigung schaffte es keine.

Deutschland ermöglichte im Verlauf des Zweiten Weltkriegs dann mit der Me 323 »Gigant« erstmals den strategischen Lufttransport. Das riesige, mit sechs Sternmotoren ausgestattete Flugzeug hatte eine Nutzlast von elf Tonnen, genug für Geschütze und leichte Panzer.

Heute gehören Luftlandepanzer zur Realität des Gefechtsfeldes. So können bis zu drei russische BMD durch Transportmaschinen des Typs Iljuschin Il-76M transportiert werden. Diese können dann konventionell abgesetzt oder per Fallschirm abgeworfen werden.

Auf autonom fliegende Panzer indessen wartet die Welt immer noch. Aber wer weiß, was kommt.

Christie wollte eine seiner Panzerschöpfungen als Außenlast unter einem Flugzeug über große Entfernungen transportieren. Bild: NARA

Der russische BMD-2 ist ein gutes Beispiel für moderne Luftlande-Panzer. Bild: Netrebenko

Deutschland rüstet auf

33

Mit dem »Krupp-Boxer« ins Manöver

Ende der 1920er-Jahre standen erste Pläne zur Schaffung einer deutschen Panzerwaffe, maßgebliche Protagonisten waren die späteren Generäle Oswald Lutz und Heinz Guderian.

Das Versailler Vertragswerk verbot Deutschland alle Arbeiten an dem noch immer revolutionären Waffensystem. Erste Erfahrungen im neuzeitlichen Panzerbau konnten während der mehrjährigen geheimen Zusammenarbeit mit Russland in Kazan gewonnen werden.

Der erste deutsche Panzer in Großserie

1933 schließlich erschien mit dem PzKpfw I der erste deutsche Panzer, der in Massenfertigung gehen sollte. Unter der Tarnbezeichnung LAS (Landwirtschaftlicher Ackerschlepper) entwickelt, entstand ein klei-

Der forsch blickende Soldat verdeutlicht die Größe des PzKpfw I, zwei Mann passten in den leichten Panzer. Bild: Sammlung Thomas Anderson

Ein »Krupp-Sport« bezwingt eine Kuppe. In großer Zahl sollten die deutschen Panzer gegnerische Stellungen durchbrechen. Bild: Sammlung Thomas Anderson

nes und leichtes Panzerfahrzeug. In einem kleinen Drehturm waren zwei Maschinengewehre eingebaut. Die Besatzung bestand aus zwei Soldaten, Kommandant (zugleich Schütze) und Fahrer.

Technisch war der PzKpfw I betont einfach gehalten, da die Industrie noch nicht über ausreichende Erfahrungen verfügte. Die erste Bauvariante (Ausf A) hatte einen Krupp-Boxer-Motor mit 57 PS. Später erschien mit der Ausf B eine verbesserte Variante mit längerer Wanne (fünf statt vier Laufrollen) und einem stärkeren Maybach-100-PS-Motor.

Fronteinsatz war nicht geplant

Ursprünglich war der PzKpfw I nicht für den kriegsmäßigen Einsatz vorgesehen, der kleine Panzer sollte in erster Linie dem Aufbau größerer Verbände dienen, bis Kriegsbeginn konnten tausende Panzerbesatzungen geschult werden.

Da die Fertigung der geplanten Hauptkampfpanzer PzKpfw III und IV nicht wie gewünscht verlief, sollte der leichte Panzer noch 1941 im Kriegseinsatz stehen. Der Kampfwert war, nun ja, vernachlässigbar. Das Fahrgestell sollte noch als Basis für Panzerjäger- und Artillerie-Selbstfahrlafetten gute Dienste leisten.

Waltzing Matilda?

Pleiten, Pech und Pannen 1

34

Man nehme Stahlplatten, möglichst dicke, bolze sie zusammen und packe Motor und Getriebe hinein. Oben drauf einen Gussturm, fertig ist der Panzer. Die Geschichte der Panzer brachte einige Entwicklungen hervor, die im Nachhinein nur Kopfschütteln bewirken. Dabei darf nicht vergessen werden, dass diese Produkte zumeist klaren technischen und taktischen Spezifikationen folgten. Die Industrie lieferte nur, was bestellt wurde.

1935 erwartete der englische Generalstab, dass der nächste Krieg gemäß den Erfahrungen des Ersten Weltkriegs ablaufen würde. Die Infanterie brauchte Panzer, die ihr den Weg bahnen sollten.

Technisch unzulänglich

Als der Infantry Tank Mk I »Matilda I« ausgeliefert wurde, mutete er wie ein Panzer des Ersten Weltkriegs an, der 20 Jahre zu spät kam. Für zwei Mann ausgelegt, war der Panzer rundum gut geschützt, die Panzerung betrug massive 60 Millimeter. Der Fahrer gebot über einen 70-PS-Motor, der eine atemberaubende Geschwindigkeit von 12,87 km/h ermöglichte. Der Kommandant war in dem kleinen Turm eingezwängt, er bediente zugleich die einzige Waffe, ein wassergekühltes Maschinengewehr.

Knapp 60 dieser Fahrzeuge sollten während der Verteidigung von Frankreich zum Einsatz kommen. Die langsam laufenden Panzer waren leichte Ziele, nur hatte die deutsche Seite nicht die passenden Waffen. Weder die 3,7-cm-Kanone noch die 7,5-cm-KwK L/24 konnten den Panzer knacken. Seine Aufgabe sollte der Matilda trotzdem nicht befriedigend erfüllen, weder Beweglichkeit noch Bewaffnung waren im sich abzeichnenden modernen Bewegungskrieg ausreichend.

Der Infantry Tank, Mark I. Berühmt-berüchtigt wurde der Panzer unter dem Namen Matilda. Bild: Gay

35

Hauptteile eines Panzers

Der moderne Panzer

Es handelt sich bei diesem Beispiel um einen amerikanischen M26, Baujahr 1944.

Alles gut gefedert?

Federung Teil 1

36

Wer mit dem Auto über eine Bodenwelle fährt, wird abbremsen, und sich dann über die gute Federung seines Gefährts freuen. Diese gestaltet das Überfahren komfortabel, kein Stoß beeinträchtigt Fahrer und Technik.

Die Konstrukteure der ersten Panzer standen vor vielen technischen Problemen. Die Frage der Abfederung des Fahrwerks war eines davon. Bereits beim Urahn der Panzer, dem Ketten-Traktor von Holt, wurde entschieden, das gelenkte Frontrad und die Laufrollen des Ketten-Fahrwerks mit Schraubenfedern zu unterstützen. Diese bestehen aus einer Spirale (entweder aus Rund- oder Flachmaterial), die um einen zentralen Stab gewickelt ist. Wenn das Rad über eine unebene Oberfläche fährt, wird die Schraubenfeder zusammengedrückt und nimmt die Energie des Stoßes auf.

Oben: Vertikale Schraubenfedern bei Christies M1931.
Unten: Horizontale Federn beim Light Tank Mk VI.

Bilder: Sammlung Thomas Anderson

Auch in der Wanne des berühmten T-34 sollten Schraubenfedern vertikal in der Wanne eingebaut werden. Die großen Laufräder wurden so zuverlässig abgefedert, diese Technik erlaubte auch im Gelände hohe Geschwindigkeiten. Auch bei den amerikanischen M3 Light Tank und M4 Medium Tank kam mit der Kegel- oder Evolutfeder eine Sonderform der Schraubenfeder zum Einsatz.

Blattfedern federn auch

37

Federung Teil 2

Eine weitere Methode, das Gewicht eines Panzers abzufedern, basierte auf der vielleicht ältesten Technologie – der Blattfeder. Diese beruht auf der Elastizität des jeweiligen Werkstoffes, zumeist Stahl. Blattfedern können in Paketen gepackt werden, wobei die Federwirkung durch Material, Stärke der Packung oder Länge der Blätter beeinflusst werden kann.

Der Vickers 6 ton tank, aus dem später der erste russische Massenpanzer T-26 entstand, nutzte halbseitig wirkende Blattfedern.

Die tschechische Firma Škoda führte in den 1930ern mehrere leichte Panzer ein, die mit ähnlichen Federungssystemen ausgestattet waren. Das Fahrwerk des LT vz 35, der 1938 von der Deutschen Wehrmacht übernommen wurde, bestand aus zwei Rollenwagen mit je vier Doppelrollen, die Rollenwagen wurden durch zwei doppelt wirksame Blattfederpakete abgefedert.

Noch spät im Krieg sollte der leichte Panzerjäger Hetzer eine ähnliche Technik nutzen. Die vier großen Laufräder waren schwingend an der Wanne montiert, abgefedert durch zwei innenliegende Blattfederpakete.

Nachteilig war die Tatsache, dass die Bauteile der Federung vollständig ungeschützt waren, Beschuss und Granatsplitter konnten zu großen Schäden bis hin zur Unbeweglichkeit führen.

Oben: Ein Rollenwagen des Vickers 6 ton tank …
Unten: … und der des tschechischen LT vz 35.

Bilder: Sammlung Thomas Anderson

Federung durch Drehbewegung

Die Torsionsstabfeder

38

In den 1930ern wurde eine weitere Technik zur Abfederung auch schwerer Panzer zur Serienreife gebracht, die Torsionsstabfeder. Diese besteht aus einem Drehstab, der quer zur Fahrtrichtung in der Wanne eingebaut ist. Außen ist das Laufrad an einer Drehkurbel angebracht, der Drehstab selbst ist an der gegenüberliegenden Seite im Innenraum fest montiert. Fährt der Panzer über ein Hindernis, so schwingen Laufrad und Kurbel hoch. Diese Drehbewegung wird auf den Stab übertragen; um seine eigene Längsachse verdreht, entsteht so eine Schubspannung – mit abfedernder Wirkung. Deutschland gehörte zu den ersten Nationen, die diese wirksame Technologie beim PzKpfw III einführten, fast zeitgleich folgte Russland mit dem Kliment Woroschilow.

Drehstabfederungen sind gut geschützt in der Wanne eingebaut, und beanspruchen vergleichsweise wenig Raum. Der deutsche Panzer Panther mit seinem verschachtelten Laufwerk verfügte pro Seite über acht Torsionsstäbe, die sogar doppelt geführt wurden. Damit war die Federwirkung außergewöhnlich gut.

Trotz größerem Fertigungsaufwand wurde diese Technologie nach dem Krieg von fast allen Nationen aufgegriffen, lediglich England setzte bei Centurion und Chieftain weiter auf außenliegende Rollenwagen, die durch gut geschützte Schraubenfedern abgefedert wurden.

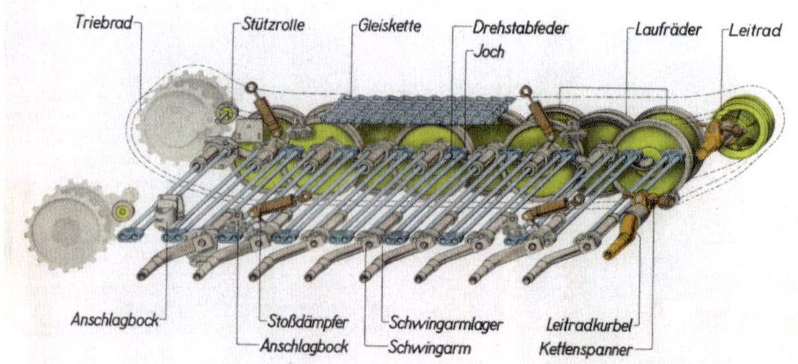

Dieses Schema zeigt die doppelt wirksamen Torsionsfedern des deutschen PzKpfw Panther.

Bild: Sammlung Thomas Anderson

Das Laufwerk

39

Ketten und Räder

Die Kette eines Panzers umspannt das Laufwerk, wobei man grundsätzlich zwei Laufwerksarten unterscheiden kann.

Das Räderlaufwerk, auch Christie-Laufwerk genannt, besteht aus großen Laufrädern, die oben zurücklaufende Kette wird durch die Räder selbst gestützt oder schwebt frei. Der T-34 ist der vielleicht bekannteste Vertreter dieser Technologie. Das während des Zweiten Weltkriegs in Deutschland verwendete Schachtel-Laufwerk des Tigers und Panthers ist eine Sonderform des Räderlaufwerks.

Das Stützrollen-Laufwerk verfügt zumeist über eine größere Zahl kleinerer Laufrollen. Die umlaufende Kette wird im oberen Bereich durch Stützrollen abgefangen. Diese Bauweise entstand in den 1930ern (z.B. PzKpfw III) und ist heutzutage die wohl am weitesten verbreitete Bauart. Auch der Leopard 2 ist mit einem Stützrollen-Laufwerk versehen.

Der T-44 hatte wie der berühmte T-34 ein Laufwerk nach Bauart Christie, war aber schon mit Torsionsfedern ausgestattet. Bild: Sammlung Thomas Anderson

Kettenfahrzeug

Mit dem Radgürtel fing es an …

40

Richtige Panzer brauchen eine richtige Kette! Der Weg zu diesem technischen Hilfsmittel führte über die »tracklaying machine«. Vor dem Ersten Weltkrieg erfand ein Brite eine Möglichkeit, Räder quasi auf mitgeführten Schienen fahren zu lassen. Dazu montierte er rechteckige Platten flexibel an die Lauffläche der Räder von schweren Zugmaschinen oder Haubitzen – ein Radgürtel. Diese großformatigen Platten legten sich mit ihrer gesamten Fläche auf den Boden und verringerten den Bodendruck deutlich. Damit konnte die Beweglichkeit verbessert werden. Die spätere Gleiskette basierte auf dieser bahnbrechenden Idee.

Der Radgürtel eines Minenräumers, Gigantomanie im Kleinen. Bild: Thomas Anderson

41

Platten auf Ketten

Bessere Bodendruckverteilung

Radgürtel erwiesen sich als geeignet, um die Geländegängigkeit schwerer Einzellasten zu verbessern. Es blieb jedoch bei einer nur punktuellen Entlastung, die für Konstruktionen von größerer Länge nicht geeignet war. Die Lösung dieses Problems lag in der Verbindung möglichst vieler druckmindernder Platten. Stabile Metallrahmen wurden durch Scharniere mit einander verbunden. So entstand ein Band, auf das segmentweise Stahlplatten montiert werden konnten. Diese Bauart erwies sich als geeignet, um leicht an verschiedenste Baugrößen angepasst zu werden. Das Gewicht gepanzerter Fahrzeuge wurde so auf ihrer gesamten Länge auf den Boden verteilt. Diese Plattenketten wurden an fast allen Panzern des Ersten Weltkriegs eingesetzt.

Plattenketten beim Whippet und unten bei Holts erstem Traktor. Bild: Slg. Anderson/Library of Congress

Bolzenkette

42

Gut Bolz!

Die frühen Scharnierketten (siehe Kapitel 41) hatten große Nachteile. So waren diese komplex in der Herstellung, die einzelnen Glieder sehr dick. Bald sollten diese durch neue, leistungsstärkere Konstruktionen ersetzt werden. Die Bolzenkette, eine Sonderform der Scharnierkette, besteht aus einem massiven, zumeist gegossenen Kettenglied. Jedes Glied hat an beiden Seiten Ausschnitte und Passlöcher. Nach dem Zusammenfügen werden jeweils zwei Glieder durch einen massiven Bolzen verbunden. Dieser Kettentyp ist in der Herstellung vergleichsweise wirtschaftlich, auch die Wartung gestaltet sich unproblematisch. Als nachteilig erweist sich der hohe Verschleiß, da sich Metall auf Metall bewegt.

Das Treibrad fasst mit seinen Zähnen in Öffnungen der Kettenglieder. Um dem Verschleiß entgegen zu wirken, können Bolzenketten außen mit Gummipolstern versehen werden.

Deutsche Panzermänner beim Einschlagen eines Kettenbolzens. Bild: Sammlung Thomas Anderson

Endverbinder-Kette

43

Aus den USA

Mitte der 1930er-Jahre führten die USA einen weiter verbesserten Kettentyp ein, die Endverbinder-Kette. Jedes Kettenglied trug jeweils zwei gummierte Bolzen, die in gewissen Grenzen beweglich gelagert waren. Jeweils zwei Glieder wurden durch zwei seitliche Endverbinder fest miteinander verbunden. Die Endverbinder trugen auch Führungszähne, die die Kette zuverlässig um Lauf- und Stützrollen führten. Die Treibräder des Antriebs fassten mit den Zähnen in die Zwischenräume der Endverbinder und sorgten so für Vortrieb.

Mit Einführung schwererer Panzer wie dem M26 wurde in der Mitte der Kettenglieder ein weiterer Verbinder mit einem Führungszahn eingesetzt, die seitlichen entfielen.

Zunächst waren die Endverbinder-Ketten mit fest montierten Gummiblöcken versehen. Diese sorgten für eine lange Lebensdauer der Ketten auf guten Straßen, die Fahreigenschaften waren der Bolzenkette klar überlegen. Im Gelände fanden die glatten Gummiblöcke jedoch keinen Halt, auch nutzten diese in steinigem Terrain schnell ab.

Oben: Endverbinder-Ketten beim Medium M3 … Bild: Library of Congress

Unten: … und beim Leopard 2. Bild: Anderson

Moderne Panzer wie der Leopard 2 sind mit Endverbinder-Ketten ausgestattet, deren Gummiblöcke bei Bedarf entnommen werden können.

Hägglunds BV 206 im Einsatz bei der Bundeswehr. Bild: Bundeswehr

Eine Gleiskette aus Gummi?

Der rollt weich

Luftgefüllte Gummireifen hatten sich bei handelsüblichen Pkw und Lkw bereits lange vor dem Ersten Weltkrieg durchgesetzt. Für schwere Zugmaschinen und Schwerlastanhänger waren auch Räder mit Vollgummi-Belag im Einsatz. Trotz deutlich schlechterer Federungseigenschaften hatten diese einen klaren Vorteil, sie waren in gewissen Grenzen schussfest.

Um die Geländegängigkeit von Kraftfahrzeugen zu verbessern, entwickelte der Franzose Adolphe Kégresse ein einfaches mehrrädriges Fahrgestell, das ohne große Probleme am Rahmen montiert und mit der Hinterachse kombiniert werden konnte. Dieses Laufwerk wurde mit einem Endlosband versehen, um den Bodendruck deutlich zu vermindern, bei gleichzeitiger Verbesserung der Griffigkeit. Das flexible Laufband bestand zunächst aus festem Segeltuch, später wurde verstärktes Gummigewebe eingesetzt. Der russische Zar war einer der ersten Kunden.

Diese »Gummikette« sollte dann auch von den Franzosen in großem Maßstab für Halbkettenfahrzeuge verwendet werden. Im Zweiten Weltkrieg nutzten auch die Amerikaner dieses Patent für ihre gepanzerten Mannschafttransportwagen.

Diese Technik wird noch heute verwendet. Ein gutes Beispiel ist das von vielen Streitkräften verwendete schwimmfähige Mehrzweckfahrzeug Hägglund BV 206.

45

Halbketten-Fahrzeuge

Weder Fisch noch Fleisch?

Trotz des stürmischen technischen Fortschritts konnte die Geländegängigkeit von Radfahrzeugen nicht grundlegend verbessert werden. In aufgeweichtem Gelände oder im Tiefschnee sollten auch grobstollige Geländereifen und Allradantrieb ihre Grenzen finden.

Einen Ausweg aus diesem Dilemma bot die Verbindung eines Gleisketten-Laufwerks mit einer konventionellen Vorderachse. Die Spuren dieser Technik führen weit in die Vergangenheit. Bereits um 1906 wurde der Franzose Adolphe Kégresse beauftragt, den Fuhrpark des russischen Zaren umzubauen, damit dieser auch unter widrigen Umständen der Jagd nachgehen konnte. Kégresse baute mehrere Personenkraftwagen um, indem er die Hinterachse durch ein einfaches Laufwerk mit einer Gleiskette aus Leinwand und Gummi ersetzte. Die Vorderachse blieb unverändert, konnte im Winter aber durch Skier ergänzt werden.

Diese Technik sollte in den Zwanzigern des letzten Jahrhunderts in Frankreich aufgegriffen werden, die Firmen Citroën und Somua lieferten diverse Lösungen, die zumeist als Artillerie-Zugmaschinen verwendet wurden. Aufsehen erregte auch die Himalaya-Expedition im Jahr 1933, bei der sich die Fahrzeuge trotz widrigster Umstände bewährten.

Ähnliche Fahrzeuge mit gummibewehrten Laufbändern wurden auch in den USA getestet und schließlich in großer Zahl als gepanzerte Mannschafts-Transport-Fahrzeuge eingeführt.
Schließlich wurden auf Basis dieser Technologie auch Schützenpanzerwagen entwickelt, die den Panzergrenadieren ein eigenes gepanzertes Kampfmittel gaben.

Halbkettenfahrzeug Bauart Kégresse. Bild: Slg. Anderson

Oben: Deutschland nutzte leistungsfähige Halbketten-Zugmaschinen.
Unten: Kampffahrzeug der Panzergrenadiere, das SdKfz 251. Bilder: Sammlung Thomas Anderson

Länge ist wichtig

46

Zahlenspiele

Die Hauptaufgabe der meisten Panzer ist die Bekämpfung anderer Panzer. Dazu braucht es Waffen, die dieser Aufgabe gewachsen sind: Kanonen, Geschütze, die Panzerungen durchschlagen können.

Die Wirkung dieser Waffen wird durch Kaliber, Stärke der Treibladung und der Art des Projektils bestimmt. Eine wichtige Stellgröße ist der Durchmesser des Geschosses. Dieser wird historisch oft in Zoll angegeben (so in England), weltweit hat sich das metrische Maß durchgesetzt. Weiter ist die erreichbare Mündungsgeschwindigkeit wichtig, die wiederum von der Länge des Rohrs maßgeblich beeinflusst wird. Aus dem Verhältnis zwischen Kaliber und Rohrlänge ergibt sich die Kaliberlänge, eine aussagekräftige Vergleichsgröße. Die Rohrlänge in Millimetern geteilt durch das Kaliber in Millimetern ergibt die Kaliberlänge L.

Der PzKpfw IV der Wehrmacht trug anfangs ein 7,5-cm-Geschütz, das zur Bekämpfung statischer Ziele wie MG- und Geschützstellungen diente, verschoss also in erster Linie Sprenggranaten. Die 7,5-cm-KwK (Kampfwagenkanone) hatte eine Rohrlänge von 1.766,5 Millimetern. Daraus ergibt sich eine Kaliberlänge von L/24. Aufgrund des kurzen Rohres und des verwendeten Pulvers war die Anfangsgeschwindigkeit der Geschosse (V°) vergleichsweise gering (im Mittel 400 m/s). Daher waren die ebenfalls verfügbaren Panzergranaten nur wenig effektiv, sie durchschlugen auf 1.000 Meter ganze 35 Millimeter Stahl.

Als die Bekämpfung von gut geschützten Panzern immer wichtiger wurde, musste die Kaliberlänge vergrößert werden. Der berühmte Panther führte ebenfalls eine 7,5-cm-KwK. Diese erreichte bei einer Rohrlänge von 5.225 Millimetern eine Kaliberlänge von L/70. Der Wumms war so ungleich größer, die normale Panzergranate erreichte eine V° von 925 m/s. Damit konnten auf 1.000 Meter Panzerungen von 111 Millimetern Stärke durchschlagen werden.

In Deutschland schließlich sollten Halbketten-Fahrzeuge mit großem Erfolg als Zugmittel für Geschütze aller Kaliber eingeführt werden. Diese Fahrzeuge boten beim damaligen Stand der Technik die bestmögliche Verbindung von Zugkraft, Geländegängigkeit und hoher Geschwindigkeit auf festem Untergrund. Schließlich wurden auf Basis dieser Technologie auch Schützenpanzerwagen entwickelt, die den Panzergrenadieren ein eigenes gepanzertes Kampfmittel gaben.

Spanien 1936

Alles andere als Urlaub

47

Ab 1930 verdüsterte sich die politische Lage in Europa langsam, aber spürbar. 1933 wurde Hitler Reichskanzler, und nur zwei Jahre später begann in Spanien ein Bürgerkrieg. Dieser Konflikt, auf der einen Seite eine demokratisch gewählte Regierung, auf der anderen rechtsgerichtete Putschisten, nahm den kommenden großen Krieg in vielen Aspekten vorweg.

Die Ideologen des Kontinents sahen ihre Stunde gekommen, und damit erreichte der Konflikt internationale Dimensionen. Eher linksgerichtete Staaten, darunter die Sowjetunion, unterstützten die Republik, faschistische Regierungen wie in Deutschland und Italien die Putschisten. Schon bald sollten Waffen geliefert werden. Russland schickte seine damals modernsten Entwicklungen, den Infanteriepanzer T-26 sowie den schnellen BT-5. Das Deutsche Reich sendete den PzKpfw I, mehr stand zu dieser Zeit nicht zur Verfügung.

Kaputt! Die Besatzung dieses PzKpfw I/A hat die gelb/schwarze Ausfallflagge gehisst.

Bild: Sammlung Thomas Anderson

In Spanien wurden abenteuerliche Kampffahrzeuge eingesetzt, wie dieser improvisierte Radpanzer. Bild: Sammlung Thomas Anderson

Die Lieferung der Waffen, Kanonenpanzer von der einen Seite, leichte MG-Panzer von der anderen, war nicht uneigennützig. Sowohl Hitler als auch Stalin wollten sicherlich den demokratischen Westen schwächen. Zudem war dies eine Gelegenheit, den Wert der eigenen Kriegstechnik und die nur im Theoretischen erprobten Einsatzgrundsätze einem Härtetest zu unterziehen.

Deutsche Panzer unterlegen

Die PzKpfw I, wegen ihrer dunklen Farbe »Negrillos« genannt, konnten sich gegen die mit 45-mm-Geschützen bewaffneten russischen Panzer kaum durchsetzen. Letztere konnten ihre Waffen aus sicherer Entfernung einsetzen, ohne selbst gefährdet zu sein.

Der Kampf Panzer gegen Panzer blieb sicherlich die Ausnahme. Beide Seiten nutzen auch improvisierte Panzerwagen, oft abenteuerliche Konstruktionen. Überall dort, wo keine panzerbrechenden Waffen zur Verfügung standen, konnten diese Fahrzeuge durchaus mit Erfolg eingesetzt werden,

Die Erfahrungen der Kämpfe wurden nach Deutschland und Russland weitergeleitet und fanden ihren Niederschlag in taktischen Lehrbüchern, der Ausbildung und bei den Ingenieuren der Industrie.

Die deutsche Seite lernte so die Ausstattung des späteren Kriegsgegners kennen, nicht ahnend, dass den Sowjets 1941 weitaus besseres Material zur Verfügung stehen sollte.

Schon wieder Krieg!

Der Krieg der Panzer

48

Der deutsche Angriff auf Polen im September 1939 stürzte den Kontinent, und bald darauf die Welt in einen langen Krieg. Der Verlauf dieses Konflikts sollte maßgeblich durch den Einsatz großer Panzerverbände geprägt werden.

Die englische und französische Militärdoktrin orientierte sich größtenteils immer noch an den Denkmustern des Ersten Weltkriegs, die nun untauglich waren. Viele ihrer Panzer waren langsam laufende Infanteriepanzer, die trotz starker Panzerung den deutschen Haupt-Kampfpanzern unterlegen waren.

Die technischen Ansätze waren sehr unterschiedlich. Deutschland zog das Schweißverfahren der genieteten Bauweise vor, die Franzosen setzten auf Gusstechnik. England nutzte all diese Techniken. Deutsche Panzer trugen große Türme mit Platz für drei Mann, der Kommandant konnte sich allein um die Führung des Panzers kümmern. Als ebenso entscheidend er-

Dieser britische Cruiser Mk III nutzte ebenfalls ein Laufwerk nach Bauart Christie. Bild: Sammlung Thomas Anderson

Mit der 3,7-cm-KwK nur schwach bewaffnet: Ein PzKpfw III Ausf E nach dem Frankreich-Feldzug 1940. Bilder: Sammlung Thomas Anderson

wies sich, dass die Mehrheit der deutschen Panzerfahrzeuge mit Funkgeräten ausgestattet war, damit konnte auch in schwierigen Situationen schnell reagiert werden.

Deutschland hatte das Potenzial der immer noch neuen Waffen früh erkannt. Gut ausgebildete Soldaten, eine funktionierende kabellose Kommunikation und eine entschlossene Führung ließen Polen und Frankreich unter dem Ansturm der Panzer schnell zusammenbrechen.

Frankreichs Somua S-35 trug ein 47-mm-Geschütz.

Entscheidend waren dabei deren konzentrierter Einsatz in Schwerpunkten und das Zusammenspiel mit anderen Waffengattungen. Die Einsatztaktik erwies sich oft als wichtiger als die tatsächliche Kampfkraft der Panzer.

Ein britischer Light Tank Mk VI A in der Wüste 1941. Bild: Sammlung Thomas Anderson

49 Leichte Panzer im Einsatz

Leichter, schneller, schwächer?

Während England sich im Ersten Weltkrieg auf die Fertigung verhältnismäßig großer und somit schwerer Panzer konzentrierte, lieferte Frankreich mit dem FT-17 einen ersten leichten Panzer mir sehr vielseitigem Einsatzspektrum. Da der Fertigungsaufwand gering war, konnten diese Kampffahrzeuge in größeren Stückzahlen eingeführt werden. In der Zwischenkriegszeit war so der Aufbau großer gepanzerter Verbände möglich.

Im Krieg konnten diese Panzer wegen ihrer schwachen Panzerung und Bewaffnung nur eingeschränkt eingesetzt werden, sie dienten zumeist als Aufklärungs- und Sicherungsfahrzeuge oder als Artillerie-Beobachter. Ein gutes Beispiel ist der britische Light Tank MK VI A. Dieses kleine Panzerfahrzeug war mit zwei Maschinengewehren ausgestattet. Bereits während der Kämpfe in Frankreich zeigte sich das Konzept als überholt.

Die Sowjetunion sollte immer leichte Panzer in ihren Arsenalen haben, teilweise waren diese schwimmfähig, bei bestimmten Missionen ein klarer

Mit über 40 Tonnen kein echter leichter Panzer, der Griffin von General Dynamics. Bild: U.S. Army

Vorteil. Der T-70 schließlich konnte mit einem recht wirkungsvollen 45-mm-Geschütz bewaffnet werden.

Die Vereinigten Staaten, die 1941 in den Krieg eintraten, stiegen erst spät in die Fertigung moderner Panzer ein. So kann nicht überraschen, dass zunächst ein leichter Panzer, der M3 Stuart, in Massenfertigung ging. 1944 folgte dann der M24 Chaffee. Diese sehr moderne Entwicklung war mit einer 75-mm-Kanone ausgestattet, und hatte damit dieselbe Feuerkraft wie der mittlere Panzer M4 Sherman.

Nach 1945

In der Zeit des kalten Krieges führte die Sowjetunion den PT-76 in großen Stückzahlen als Standard-Aufklärungspanzer ein. Das schwimmfähige Fahrzeug konnte auch bei Landungsoperationen genutzt werden. Dank seiner Vielseitigkeit sollte das Fahrgestell auch für eine Reihe von Kampfunterstützungs-Fahrzeugen verwendet werden.

Trotz der Konkurrenz durch moderne Radpanzer, deren Einsatz sich in vielen Einsatzgebieten als sinnvoll erwiesen hat, bleiben leichte Panzer auch im 21. Jahrhundert im Einsatz. In den USA entsteht zurzeit ein neuer leichter Panzer unter der Arbeits-Bezeichnung Griffin. Standardbewaffnung soll eine 105-mm-Kanone sein, das Fahrgestell soll als Grundlage für eine Reihe spezialisierter Varianten Verwendung finden.

Es funkt …

50 Drahtlose Kommunikation

Militärische Operationen sind im Allgemeinen Gegenstand minutiöser Planung. Wenn aber der Angriff, z. B. einer Panzereinheit, beginnt, kann die Führung nur noch bedingt eingreifen – und auf Unvorhergesehenes nicht reagieren. Die Kommunikation zu den vorne eingesetzten Kräften ist daher von größter Wichtigkeit. Die Panzer des Ersten Weltkriegs wurden mit Flaggenzeichen und Leuchtsignalen geführt, auch Brieftauben wurden genutzt. Eine neue Technologie, die Funkentelegrafie, sollte Abhilfe schaffen. Die Technik der drahtlosen Funkgeräte wurde langsam, aber stetig weiterentwickelt. Deutschland sollte unter den ersten sein, die die großen Möglichkeiten erkannten und konsequent einsetzen sollten. Zunächst erhielten deutsche Panzer nur Ukw-Empfänger, um Befehle erhalten zu können. Später gehörten zwei Empfänger sowie ein Sender zur Grundausstattung. Die Reichweite des Senders betrug unter guten Verhältnissen bis vier Kilometer. Als Schnittstelle zwischen der Panzer-Abteilung zur Division und höheren Stäben dienten Panzerbefehlswagen, die zunächst mit Masse auf dem Fahrgestell des PzKpfw III aufgebaut wurden. Die MW-Sender dieser Fahrzeuge wurden mit einer großen Rahmenantenne betrieben und erreichten im Sprechfunk bis zu 40 Kilometer. Ein zusätzlicher, acht Meter hoher Kurbelmast verdoppelte die Reichweite. Diese Befehlsfahrzeuge bewährten sich gut, waren aber wegen der auffälligen Antennen gefährdet, sie zogen das Feuer aller feindlichen Waffen auf sich. Daher sollte 1942 eine deutlich unscheinbarere Sternantenne eingeführt werden.

Dieser kleine Panzerbefehlswagen (SdKfz 265) wurde mit einer Rahmenantenne versehen. Bild: Slg. Anderson

Nach dem Krieg konnten dank technischer Fortschritte die Funkgeräte verkleinert werden. Zuverlässigkeit und Reichweite stiegen. Heute haben Satellitentechnik und Mobiltelefonie völlig neue Grenzen erreicht.

Der große PzBefWg (Panzerbefehlswagen) erreichte dank seiner Teleskop-Antenne große Reichweiten. Bild: Sammlung Thomas Anderson

Hin zum echten Schützenpanzer

51

Schützenpanzer Teil 2

Die ersten Schützenpanzer waren recht einfache Werkzeuge. Der M3 half track war wohl gepanzert und von ausreichender Beweglichkeit, blieb aber ein gepanzertes Transportfahrzeug. Ein Einsatz in direkter Frontnähe schloss sich aus. Das war den amerikanischen Militärs durchaus klar, die taktische Verwendung des APC (amoured personnel carrier) richtete sich nach seinen Möglichkeiten.

Bereits zwei Jahre zuvor führte Deutschland zwei durchaus vergleichbare Schützenpanzerwagen ein. Wie der M3 wurden der leichte SPW (SdKfz 250) und der mittlere SPW (SdKfz 251) zunächst als reine Transportfahrzeuge eingesetzt. Dank der schräg gestellten Panzerung waren diese ungleich besser geschützt gegen Beschuss aus panzerbrechender 7,92-mm-Infanterie-Munition. In der Folge entstand eine Reihe von Varianten mit

Das SdKfz 251 war ein wirkungsvolles Kampffahrzeug der Panzergrenadiere. Bild: Sammlung Anderson

Ein M113 im Einsatz in Vietnam. Bild: U.S. Army

teilweise sehr wirkungsvoller Bewaffnung. Die Panzergrenadiere konnten nun deutlich anspruchsvollere Kampfaufgaben durchführen, der Kampf vom Fahrzeug aus wurde zur Regel. So konnten personelle Verluste signifikant gemindert werden, der Panzergrenadierwagen wurde zum ersten Infanterie-Kampffahrzeug.

Nachkriegsmodelle

Nach dem Krieg erschienen bald modernere Schützenpanzer. Russland sollte aus den Erfahrungen mit dem BT-152 lernen. 1960 wurde ein neuer, leistungsfähiger Rad-SPW eingeführt. Der BTR-60 hatte dank vier angetriebener Achsen eine gute Mobilität und war dank eines Wasserstrahlantriebs voll amphibisch. Zunächst war der SPW oben offen, später erschien mit dem BTR-60 PB eine geschlossene Variante, die einen kleinen Turm mit einem schweren MG trug.

Die Vereinigten Staaten führten etwa zur selben Zeit einen eigenen modernen Schützenpanzer ein. Der M113 war vollständig aus Aluminium gefertigt, das schwimmfähige Fahrzeug konnte bis zu 15 Soldaten aufnehmen. Aufgrund seiner Vielseitigkeit und Wirtschaftlichkeit ist das Fahrzeug bei vielen Armeen noch heute im Einsatz, wird aber zumeist als reines Transportfahrzeug genutzt – als Battle Taxi.

Noch ein kleiner Brummer

52

Pleiten, Pech und Pannen 2

Während Teile des militärischen Establishments in England vor dem Zweiten Weltkrieg glaubten, den Gegner mit den Mitteln des Ersten Weltkriegs schlagen zu können, machte sich auf deutscher Seite eine andere fixe Idee breit.

Mitte der 1930er-Jahre war Guderian im Begriff, seinen schnellen Truppen Gerät und Taktiken zu geben, um einen nie da gewesenen Bewegungskrieg zu führen. Zeitgleich forderte von Brauchitsch, der Oberbefehlshaber des Heeres, die Entwicklung schwerst gepanzerter Angriffsmittel. Der Grund lag in der Tatsache, dass Deutschland sich von Ländern umgeben sah, die ihre Ost- bzw. Westgrenzen mit Festungen und Bunkersystemen verstärkt hatten. Man kannte ja den gemeinsamen Nachbarn.

So erhielt Krauss-Maffei den Auftrag, einen »leichten« Panzer mit schwerster Panzerung zu entwickeln. Dieser entsprach zumindest in Teilen der Auslegung des PzKpfw I (Zwei-Mann-Besatzung, eine Bewaffnung von zwei MG 34), daher wurde die Bezeichnung übernommen.

Klein, aber oho? Bild: Sammlung Thomas Anderson

Der Panzer wurde im Frühjahr 1942 als PzKpfw I Ausf F in einer kleinen Serie von 30 Stück ausgeliefert. Die Panzerung betrug rundum respektable 80 Millimeter, in einem kleinen Gussturm saß eingezwängt der Kommandant. Ähnlichkeiten mit dem Matilda I sind rein zufällig. Immerhin hatte der 18 Tonnen schwere Panzer zwei Maschinengewehre. Tragischerweise waren 1942 keine Bunker mehr übrig. Der erste Einsatz erfolgte an der Ostfront, die verblüfften Russen gaben dem Panzerlein den Spitznamen »Malenkiy Tigr«, kleiner Tiger.

Der Kampfwert dürfte nicht sehr groß gewesen sein, mangels intakter Bunker wurden die Panzer im Bandenkampf eingesetzt.

Panzerführer

53

Berühmt und berüchtigt!

Bewaffnete Konflikte, besonders der Zweite Weltkrieg, wurden maßgeblich durch ambitionierte und wagemutige Stabsoffiziere beeinflusst. Hier eine kurze Auswahl der bekanntesten Panzerführer:

Erwin Rommel

Erwin Rommel übernahm 1940 als Generalmajor das Kommando der 7. PzDiv. Obwohl er noch keine Erfahrungen im Kampf gepanzerter Verbände hatte, erwies er sich als überaus erfolgreich. Der Offizier führte seine Panzer von vorne und trieb die Soldaten seiner »Gespensterdivision« von Erfolg zu Erfolg. Als Rommel im Februar 1942 Oberbefehlshaber der Panzerarmee Afrika wurde, nutzte er wieder alle Möglichkeiten seiner Panzer und rückte kompromisslos vor. Wie zuvor in Frankreich, ignorierte er Weisungen des Generalstabs, um Schwächen des Gegners auszunutzen.

Trotz der Niederlage im Frühjahr 1943 sollte Rommel in der Heimat und beim Gegner den respektvollen Namen »Wüstenfuchs« bekommen, auch wegen seiner soldatischen Fairness.

Generalmajor Erwin Rommel. Bild: Sammlung Thomas Anderson

Charles de Gaulle

Charles de Gaulle war im französischen Offizierskorps einer der wenigen, die die Möglichkeiten des Waffensystems Panzer erkannten. Angesichts des schnellen Vormarschs der deutschen Panzer-Divisionen im Mai 1940 sah er sich in seinen Ansichten bestätigt. Als Kommandeur der französischen 4e division cuirassée (4. PzDiv) konnte er die Angreifer bei

General Charles de Gaulle.

Gegenüberliegende Seite: Generalleutnant George S. Patton.

Bilder: Sammlung Thomas Anderson

Montcornet aufhalten und zurückwerfen. Erst in letzter Sekunde konnten seine Truppen gestoppt werden. Damit war er der einzige alliierte Truppenführer, der die Deutschen zu einem Rückzug zwang.

Bernard Montgomery

Montgomery lernte sein Handwerk während des Ersten Weltkriegs an der Westfront. Einen Krieg später organisierte der Brite zunächst den erfolgreichen Rückzug der englischen Truppen nach der verlorenen

Bernard Law Montgomery, 1. Viscount of El Alamein. Bild: Sammlung Thomas Anderson

Schlacht um Frankreich. 1942 erhielt er die Aufgabe, den für die britische Wirtschaft lebenswichtigen Suezkanal zu verteidigen. Unter seiner Führung stieg die britische Kampfmoral wieder. Als die USA in Nordafrika eingriffen, konnte das Afrika-Korps der überwältigenden Überlegenheit der Alliierten nicht mehr standhalten. Der als unbesiegbar geltende Rommel war besiegt.

George Patton

George Patton führte bereits während des Ersten Weltkriegs eine Panzer-Abteilung an der Westfront. Ab November 1942 kämpfte er in Afrika, wo die US-Truppen während der Kämpfe am Kasserinpass blutiges Lehrgeld zahlen mussten. Nach dem Sieg in Afrika führte der Generalleutnant seine Truppen nach Sizilien, das er innerhalb kürzester Zeit besetzte. Auch während der Kämpfe in Frankreich sollte er seinem Ruf als Draufgänger gerecht werden. So eroberte er Metz und blockierte den deutschen Vormarsch während der Ardennen-Offensive bei Bastogne.

Panzer in der Wüste

Sand und Geröll

54

Die Entwicklung von Waffen und Fahrzeugen für den militärischen Gebrauch folgt im Allgemeinen klaren Forderungen der Beschaffungsbehörden. Dabei ist ein möglichst breites Aufgabenspektrum zweifellos von Vorteil. Dieser Wunsch ist nicht immer zu erfüllen, oft stehen finanzielle oder technische Probleme im Weg.

Großbritannien sollte die ersten verfügbaren Panzerwagen weltweit in seinen Kolonien einsetzen, und damit auch in klimatisch eher ungünstigen Gebieten. Während erster Einsätze in Indien und Nordafrika zeigte sich die grundsätzliche Eignung von gepanzerten Fahrzeugen und Panzern auch für trockene Wüstengebiete.

Der sich ab 1941 ausweitende Wüstenkrieg in Nordafrika zeigte, dass dieses Terrain durchaus Vorteile bietet. Erwin Rommels Panzer konnten unter Ausnutzung ihrer Beweglichkeit die Briten in überraschenden Stößen zurückwerfen, die Geländegewinne des »Wüstenfuchses« waren legen-

Ein britischer M3 »Grant« in der Wüste. Bild: NARA

där. Letztlich lernten die Briten schnell, und als sie ab Ende 1942 die Nachschublinien des Afrika-Korps unterbrechen konnten, ging der Kampf für die Deutschen verloren.

Während des Jom-Kippur-Krieges im Jahr 1973 griffen syrische Verbände mit mehr als 1.400 Panzern an. Nach anfänglichen Geländegewinnen sollte Israel schnell die Oberhand gewinnen. Am Boden verfügten die Verteidiger aufgrund guter Ausbildung und langer Erfahrung über eine klare taktische Überlegenheit. Zudem konnte die israelische Luftwaffe nach der Mobilisierung schnell die Lufthoheit erlangen. Wieder konnte so der Nachschub unterbunden werden.

Während der beiden Irak-Kriege sollte sich diese Abfolge im Wesentlichen wiederholen. Die Technik zeigte sich den besonderen Bedingungen der Wüste als gewachsen, ausschlaggebend waren der Kampf der verbundenen Waffen

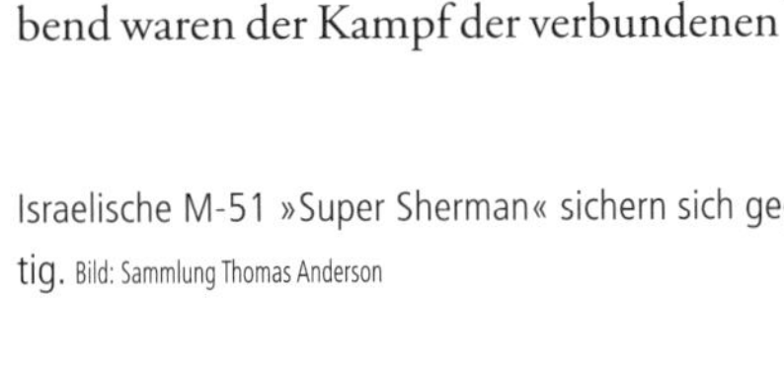

Israelische M-51 »Super Sherman« sichern sich gegenseitig. Bild: Sammlung Thomas Anderson

Porsches Elektro-Panzer

Pleiten, Pech und Pannen 3

55

Neugier ist ein gutes Treibmittel für den technischen Fortschritt, ein gesundes Selbstbewusstsein kann aber auch hilfreich sein.

Vor dem Krieg lag die deutsche Panzerentwicklung in den bewährten Händen des Heereswaffenamts (HWA). Dieses hörte sich die Forderungen des Militärs an, stutzte diese auf ein vernünftiges Maß und vergab dann genaue technische Spezifikationen an die Rüstungsindustrie. Die Prototypen wurden dann getestet und schließlich kam es nach Änderungen zur Serienfertigung. Das System funktionierte recht gut, sollte ab 1941 aber korrumpiert werden.

So erhielten noch vor dem Angriff auf Russland zwei Firmen, Henschel und das Planungsbüro des Dr. Ing. h. c. Ferdinand Porsche, einen Entwicklungsauftrag für einen neuen schweren Panzer, das HWA war wohl nur beratend dabei. Porsche, ganz exzentrischer Tüftler, wich von der konservativen Linie des deutschen Panzerbaus ab. Seine Schöpfung sollte nicht durch einen herkömmlichen Verbrennungsmotor, sondern durch zwei Elektromotoren angetrieben werden. Diese Antriebsart hatte eine lange und erfolgreiche Geschichte, so bei schienengebundenen Fahrzeugen. Die Krux war nur, woher sollte der nötige Strom kommen? Und richtig, wieder musste ein Verbrennungsmotor her. Da Porsche kein Aggregat mit der geforderten Leistung von etwa 600 PS zur Verfügung stand, baute er gleich zwei ein. Generatoren produzierten den elektrischen Strom.

Elektrisierend! Porsches Tiger. Bild: Sammlung Thomas Anderson

Im direkten Vergleich zu Henschels Entwicklung sollte Porsches E-Panzer jedoch schmählich versagen, der lohnende Auftrag ging verloren. Nun hatte der geniale Ingenieur, ein Spezl des Führers Adolf Hitler, aber fest mit dem Zuschlag gerechnet. Um die bereits gefertigten 100 Wannen bestmöglich zu nutzen, wurden diese nun aufwendig umgebaut. Auf ihnen sollte ein schweres Sturmgeschütz entstehen, das auf den Namen »Ferdinand« getauft wurde.

Dieser Tiger diente der Ausbildung – und fuhr mit Flüssiggas. Bild: Sammlung Anderson

56

In der Panzer-Fahrschule

Dicke Brummer fahren lernen

Mit der massenhaften Einführung von Panzern wurde die praktische Ausbildung einer großen Zahl von Fahrern nötig.

Zunächst wurden unveränderte Fahrzeuge verwendet, in der Enge des Kampfraumes mussten die Ausbilder hinter den Fahrern sitzen und diese ohne ausreichende Sicht überwachen. Da zunächst keine Bordsprechanlagen verfügbar waren, blieb die Kommunikation auf Berührungen und lautes Zurufen beschränkt. Teilweise sollten Sprechschläuche verwendet werden.

Fahrschule auf dem »Krupp-Sport«. Bild: Sammlung Anderson

Als Deutschland den PzKpfw I als Erstausstattung der Panzerdivisionen einführte, wurden parallel Fahrschulwannen zur Verfügung gestellt. Diese einfachen Lehrmittel hatten weder Ausbau noch Turm. Ähnliche Varianten entstanden später auf Basis des PzKpfw II sowie der Vorserienmodelle des PzKpfw III. Später mussten unveränderte Kampfpanzer verwendet werden, da der Industrie die nötigen Kapazitäten fehlten. Die Qualität der Ausbildung sank beträchtlich, Panzer wurden an der Front gebraucht. Das hatte beträchtliche Auswirkungen, die Truppe musste trotz Kraftstoffmangels nachschulen.

In der Bundeswehr

In der Nachkriegszeit konnten mehr Ressourcen in die Ausbildung investiert werden. Parallel zur Einführung des Leopard wurden Fahrschulpanzer zur Verfügung gestellt, die den Anforderungen besser entsprachen. Der Fahrer saß in einem serienmäßigen Abteil, damit war eine realitätsnahe Ausbildung möglich. Der Ausbilder hatte seinen Platz über ihm in einem simulierten Turm mit großem Sichtbereich. Damit hat er einen guten Überblick, die Kommunikation wurde durch eine serienmäßig eingebaute Bordsprechanlage gewährleistet. Überdies hatte der Ausbilder die Möglichkeit, in die Steuerung des Panzers einzugreifen.

Ähnliche Lösungen wurden für alle möglichen Waffensysteme eingeführt, so zum Beispiel für die Panzerhaubitze 2000.

Auch andere Streitkräfte nutzen vergleichbare Lösungen.

Eindrucksvoll! Wir lernen die Panzerhaubitze 2000 fahren. Bild: Bundeswehr

Fahrlehrer statt Kanone! Dieser T-62 wurde auf einfache Weise zum Fahrschulpanzer. Bild: Netrebenko

Revolution!

57

Der T-34 betritt die Bühne

Mit Beginn des Zweiten Weltkriegs sollten die bis daher sieggewohnten deutschen Panzer auf einen neuen überlegenen Gegner treffen. Unbemerkt von dem Auslandsgeheimdienst hatte die scheinbar rückständige Sowjetunion den T-34 entwickelt.

Der verantwortliche russische Konstrukteur Mikhail Koshkin hatte die Aufgabe, einen Nachfolger für den BT-7 zu finden. Er entschied sich, die Kombination der Parameter »Feuerkraft, Beweglichkeit und Panzerschutz« neu zu denken, revolutionär halt. Zunächst ging es darum, die Leistungen der eigenen Massen-Panzer (BT und T-26) eindeutig zu übertreffen.

Beweglichkeit

Wie der BT-7, sollte der neue Panzer ein Laufwerk mit fünf unabhängig gefederten großen Laufrädern haben. Große Plattenketten hielten den Bodendruck niedrig und verhinderten das Eindringen von Schlamm

Der T-34 war eine bemerkenswerte Entwicklung. Bild: Sammlung Thomas Anderson

oder Schnee. Der T-34 sollte durch einen Dieselmotor angetrieben werden, was 1941 die Ausnahme war. Diese Entscheidung fiel aufgrund der schlechten Erfahrungen mit den älteren Panzern, die während der Kämpfe mit den Japanern im Jahr 1938 leicht in Brand geraten waren. Die Leistung des V-2-34-Diesels betrug sagenhafte 500 PS, damit erhielt das 25 Tonnen schwere Fahrzeug eine außergewöhnliche Beweglichkeit.

Panzerschutz

Koshkin sollte die Panzerung des T-34 rundum schräg gestalten. Die Stärke dieser Panzerung war, anders als bei vergleichbaren Modellen des Auslands, an allen Seiten praktisch. Die Schrägstellung verbesserte den ballistischen Schutz weiter. Langsame Projektile wurden abgeleitet und glitten wirkungslos ab. Panzergranaten mussten in der Ebene einen deutlich längeren Weg zurücklegen. Die deutschen 3,7-cm- und 5-cm-Geschütze waren im Gefecht nicht in der Lage, diese zu durchdringen.

Genialer Ingenieur: Mikhail Koshkin.

Bild: Sammlung Thomas Anderson

Feuerkraft

Während die Masse der zeitgenössischen Panzer (auch der russischen) mit Geschützen der Kaliberklasse 4 bis 5 cm ausgestattet waren, wählte Koshkin eine 76-mm-Kanone. Dank ihrer Kaliberlänge von L/31 war diese 1941 allen vergleichbaren Waffen deutlich überlegen.

Koshkin starb im September 1940, nachdem er sich während Erprobungsfahrten in seinem Panzer eine Lungenentzündung zugezogen hatte. Seine Schöpfung, der T-34, sollte den Verlauf des Krieges maßgeblich beeinflussen, mehr als 50.000 sollten gebaut werden. Das robuste Design erlaubte eine stete Weiterentwicklung, so konnte im Jahr 1944 ein neues leistungsfähiges 85-mm-Geschütz eingeführt werden.

Revolution, die 2.

58

Ein echter schwerer Panzer

1941 sollten die Deutschen mit einer weiteren Überraschung konfrontiert werden. Parallel zum mittleren Panzer T-34 konnte die Sowjetunion einen schweren Panzer einführen, der den Angreifern auf seine Art ebenfalls überlegen war.

Der KW-1 war mit derselben Waffe wie der T-34 ausgestattet, der 76 mm Machanow L-11. Diese an sich gute Waffe sollte im Sommer 1941 durch die verbesserte ZIS-5 ersetzt werden. Eine Variante, der KW-2, trug in einem vergrößerten Turm eine M-10T 152-mm-Haubitze und diente als schwere Unterstützungswaffe.

Der Panzer teilte die Antriebskomponenten im Wesentlichen unverändert mit dem T-34, was Wartung und Ersatzteilversorgung vereinfachte. Die Leistung des Dieselmotors war wegen des höheren Gewichts dieses Panzers auf 600 PS erhöht. Äußerlich war der KW konventionell ausgelegt. Alle seitlichen Panzerplatten waren vertikal angeordnet, ein deutlicher Unterschied zum T-34. Die Panzerung war mit 75 Millimetern jedoch deutlich stärker, wieder zeigten alle Platten rundum dieselbe Stärke. Das

Die erste Produktionsausführung des KW-1. Bild: Netrebenko

Gewicht des KW-1 war mit über 50 Tonnen deutlich schwerer als das des T-34, daher war seine Beweglichkeit schlechter. Dank der breiten Ketten und des stärkeren Dieselmotors blieb die Geländegängigkeit immer noch besser als bei den deutschen Panzern PzKpfw III und IV.

Der KW-2 bewährte sich nicht. Bild: Sammlung Anderson

Nachfolgermodelle

Das robuste Fahrwerk erlaubte die stetige Weiterentwicklung. Während der KW-2 bald aus der Produktion genommen wurde, sollte 1943 das Sturmgeschütz SU-152 mit der 152-mm-Haubitze folgen. Zeitgleich wurde mit dem KW-85 ein neues Modell mit der 85-mm-Kanone D-5T eingeführt, mit dem der Kampf gegen die modernen deutschen Tiger und Panther mit Aussicht auf Erfolg aufgenommen werden konnte.

1944 entstand aus dem KW der JS-II. Dieser neue schwere Panzer zeigte bei identischem Gewicht eine nochmals verstärkte Panzerung und ein 122-mm-Geschütz.

1943 erschien mit dem KW-85 eine deutlich kampfstärkere Variante des schweren Panzers.

Bild: Sammlung Thomas Anderson

Der Wettlauf beginnt

Jagd auf die Panzer Teil 2

59

In der Zeit vor dem Zweiten Weltkrieg ging die Entwicklung der Panzer hin zu wirklich brauchbaren Waffensystemen voran. Durchaus naheliegend wurden zeitgleich auch Panzerabwehr-Kanonen eingeführt.

Die Fähigkeiten dieser Waffen orientierten sich an den Panzerstärken der eigenen Panzer, damals etwa 30 Millimeter. So entstanden bis 1940 weltweit Panzerabwehr-Kanonen mit einem Kaliber zwischen 25 und 47 Millimetern. Bereits während des Frankreich-Feldzugs erwies sich die deutsche 3,7-cm-PaK als zu schwach zur Bekämpfung vieler gegnerischer Panzer. Diese musste noch lange im Fronteinsatz bleiben, obwohl ab Mitte 1940 sukzessive die stärkere 5-cm-PaK eingeführt wurde. Ein halbes Jahr später, mit Auftreten der russischen T-34 und KW, waren beide Waffen über Nacht obsolet.

Deutsche Fallschirmjäger bringen eine 4,2-cm PaK 41 in Stellung. Bild: Sammlung Thomas Anderson

Schwer, aber unglaublich wirksam! Die 8,8-cm-PaK 43/41 war ein ganz anderes Kaliber.

Bild: Sammlung Thomas Anderson

Russland hatte mit der 76,2 mm ZiS-3 auch ein effektives Geschütz. Bild: Slg. Anderson

Sowjet-Russland verfügte bereits bei Kriegsbeginn über wirkungsvolle Geschütze vom Kaliber 76,2 mm. Da die Stärke der Panzerungen weiter anstieg, schritt die Entwicklung nun rasch voran. Deutschland führte zunächst die 7,5-cm-PaK 40 ein, 1943 folgte die 8,8-cm-PaK 43. Besonders letztere sollte sich sehr bewähren, sie blieb bis Kriegsende die wohl leistungsfähigste Panzerabwehrwaffe.

England zog 1943 nach, die QF 17 pdr gun (Kaliber 76,2 mm) zeigte ebenfalls bemerkenswerte Leistungen.

Mit zunehmendem Kaliber stieg das Gewicht der Panzerabwehr-Kanonen auf mehr als 3,5 Tonnen, damit waren diese nicht mehr im Mannschaftzug zu bewegen. Trotz des Einsatzes von Zugmaschinen blieb deren Beweglichkeit eher schlecht – ein Grund dafür, dass viele Panzerabwehr-Kanonen auf Kettenfahrgestelle montiert wurden.

So begann der Wettlauf Panzer gegen Panzerabwehrwaffe, der bis heute andauert.

Mit allen Mitteln …

60

Quereinsteiger

Panzer sind für die Infanterie oft ein erschreckender Gegner. 1916, und auch noch 1941 hatten die Soldaten keine oder nur unbefriedigende Mittel zur Bekämpfung dieser Stahlkolosse zur Hand. Es war nur natürlich, dass die Truppe in Notlagen nach jeder zur Verfügung stehenden Waffe rief.

Zunächst sind das die Haubitzen und Kanonen der Divisionsartillerie, auf deutscher Seite zum Beispiel die 10,5 cm leichte Feldhaubitze 18. Im direkten Schuss konnten diese Geschütze gegen durchbrechende T-34 oder KW eingesetzt werden, oft mit Erfolg. Dieser Einsatz war jedoch riskant – die Besatzungen der nur mit einem Splitterschutz ausgestatteten Kanonen waren auf dem Präsentierteller, große personelle Verluste waren die Regel.

Oben: Die 8,8-cm-FlaK 36.

Unten: Ein Lancia mit 90-mm-FlaK.

Bilder: Sammlung Thomas Anderson

Auch Geschütze der Fliegerabwehr sollten herangezogen werden. Besonders die deutsche 8,8-cm-FlaK wurde oft zu Bekämpfung schwerer Panzer genutzt – Kaliber, hohe Anfangsgeschwindigkeit der Geschosse und die damit verbundene gute Treffgenauigkeit sollten in Russland und Afrika legendäre Erfolge feiern. Geschickt eingesetzt, konnten die Acht-Acht ihre Opfer auf Entfernungen von teilweise über 2.000 Metern knacken. Schoss der Gegner zurück, musste schnell ein Stellungswechsel durchgeführt werden.

Auch Italien sollte die Cannone da 90/53 in ähnlicher Weise einsetzen. Um die Beweglichkeit zu verbessern, wurden etwa 50 Geschütze auf dem Fahrgestell des Lancia RO Lkw aufgebaut.

Sturmgeschütze

Ein Schritt zurück?

Die »Erfindung« des Drehturms während des Ersten Weltkriegs hatte für die weitere Entwicklung des Waffensystems Panzer weitreichende Folgen. Praktisch alle später folgenden Panzertypen sollten über einen oder gar mehrere Türme verfügen. Auch Deutschland folgte diesem Trend – bis gegen Ende der 1930er-Jahre ein General der Infanterie ein gepanzertes Spezialfahrzeug zur direkten Unterstützung der Infanterie forderte.

Infanteriepanzer waren in der Zwischenkriegszeit weit verbreitet. Russland setzte auf den T-26, der mit zwei kleinen MG-Türmen ausgestattet war. England baute bis in den Zweiten Weltkrieg verschiedene Typen, die eine überaus starke Panzerung zeigten. Deutschland wählte einen anderen Weg. Auf dem Fahrgestell des Hauptkampfpanzers, des PzKpfw III, wurde ein flacher Kasematt-Aufbau gesetzt. In diesem war ein kurzkalibriges Geschütz, die 7,5 cm K L/24 eingebaut. Die gut gepanzerten Fahrzeuge, Sturmgeschütze genannt, sollten der Bekämpfung gegnerischer MG- und

Ein Sturmgeschütz mit 7,5 cm K L/24 »Stummel«. Bild: Sammlung Thomas Anderson

Mit Einführung der 7,5-cm-StuK 40 wurde das Sturmgeschütz zum Schrecken der Panzer.

Bild: Sammlung Thomas Anderson

Geschützstellungen dienen. Die Waffe sollte nur nach vorne wirken. Der Verzicht auf einen Drehturm erlaubte dabei den Einbau einer um mindestens eine Kaliberklasse stärkeren Waffe.

Angstgegner der Sowjets

1941 sollte die Stunde der neuen Waffengattung, der Sturmartillerie, schlagen. Konfrontiert mit den überlegenen T-34 und KW, wurden nun Sturmgeschütze zur Bekämpfung dieser Gefahr eingesetzt. Tatsächlich zeigten sich die flachen Fahrzeuge, taktisch gut geführt, als äußerst wirkungsvoll. Nach Einführung der langkalibrigen 7,5-cm-Sturmkanone 40 (L/48) entstand ein äußerst wirkungsvolles Waffensystem, trotz des fehlenden Turmes sollten Sturmgeschütze zum Schrecken der russischen Panzer werden.

Um auch die ursprünglichen Kampfaufgaben erfüllen zu können, wurde ein Teil der Fahrzeuge mit einer 10,5-cm-Sturmhaubitze mit wirkungsvollen Sprenggeschossen bewaffnet. Sturmgeschütze und Sturmhaubitzen sollten bis Kriegsende mit großem Erfolg eingesetzt werden.

Russland sollte, mutmaßlich vom Erfolg der Sturmgeschütze beeindruckt, ähnliche Lösungen auf T-34 und KW entwickeln und diese in größeren Stückzahlen einsetzen.

Konterrevolution

62

Der Tiger kommt

Der deutsche Tiger gilt als einer der beeindruckendsten Panzer des Zweiten Weltkriegs. Die Entwicklung dieses Panzers begann in den späten 1930er-Jahren als logische Weiterentwicklung der Hauptkampfpanzer III und IV. Zunächst war das Konzept von eher konventioneller Natur. Erst mit der für das deutsche Heer traumatischen Erkenntnis, den neuen russischen T-34 und KW weit unterlegen zu sein, sollte das Konzept grundsätzlich überarbeitet werden. Das Ergebnis, der Tiger Ausf E, war mit einer bis zu 100 Millimeter starken Panzerung und einer leistungsstarken 8,8-cm-Kanone ausgestattet. Diese Kombination aus Schutz und Feuerkraft machte ihn zu einem gefürchteten Gegner.

Entscheidender Faktor

Der Tiger konnte gegnerische Panzer aus großen Entfernungen präzise treffen und sicher ausschalten. Aufgrund des hohen Panzerschutzes war der Tiger frontal kaum zu bekämpfen, und war in der Lage, sich auch gegen eine große feindliche Übermacht zu behaupten. Eingesetzt in selbstständigen Einheiten, wurde der Tiger zu einer wichtigen Waffe für die deutschen Streitkräfte.

Dieser Tiger schaffte es nach Hause, trotz über 200 Treffern verschiedener Kaliber. Bild: Sammlung Thomas Anderson

Seine bloße Präsenz auf dem Schlachtfeld schuf Angst und Unsicherheit beim Gegner. Seine außergewöhnliche Feuerkraft und Panzerung machten den Tiger zu einer gefürchteten Waffe auf dem Schlachtfeld und trugen zur Dominanz der deutschen Armee bis weit in das Jahr 1943 bei.

Aufgrund seines hohen Gewichts war der Tiger anfällig für technische Probleme, ausgefallenen Fahrzeuge konnten nur unter Schwierigkeiten geborgen werden. Viele Fahrzeuge mussten gesprengt werden und gingen verloren. Außerdem war seine Produktion aufgrund der komplexen Konstruktion und der benötigten Ressourcen sehr aufwendig.

Ein Tiger der s PzAbt 503 im Einsatz. Bild: Sammlung Thomas Anderson

Jäger und Beute nach dem Duell. Ein Tiger neben einem KW-1 s. Bild: Sammlung Thomas Anderson

Noch ein Raubtier ...

63

Mit dem Panther an die Spitze

Das überraschende Auftreten der überlegenen russischen Panzertypen im Jahr 1941 sollte die Verantwortlichen in Deutschland unter Druck setzen. Besonders der T-34 nötigte den Ingenieuren gehörigen Respekt ab, zu revolutionär war der Ansatz. Hinsichtlich Waffenwirkung, Beweglichkeit und Panzerschutz war dieser den deutschen Massen-Panzern III und IV deutlich überlegen.

Zwar versprach der bereits projektierte schwere Panzer Tiger eine deutliche Überlegenheit auf dem Schlachtfeld, gebraucht wurde jedoch ein neuer mittlerer Panzer, der in großen Stückzahlen zu fertigen war. Daimler-Benz erwog sogar, das überzeugende Konzept des T-34 in vielen Details seiner Konstruktion schlicht zu kopieren. Der Konkurrent MAN sollte sich dann aber mit einem eigenständigen Modell durchsetzen. Als Bezeichnung wurde der Name Panther gewählt.

Dieser Panther Ausf G hatte ein gummisparendes Laufwerk. Bild: Sammlung Thomas Anderson

Die Form des neuen Panzers wich stark von der bisherigen deutschen Bauart ab, alle Seiten waren geschossabweisend gestaltet. Die schräge Frontplatte hatte eine Stärke von 80 Millimetern, bis Kriegsende konnte diese kaum durchschlagen werden. Als Bewaffnung wählte man eine Hochleistungs-Kanone vom Kaliber 7,5 cm. Aufgrund ihrer außergewöhnlichen Kaliberlänge (L/70) konnte eine hohe Anfangsgeschwindigkeit erreicht werden – mit entsprechend guten Durchschlagswerten. Die Laufrollen des Laufwerks wurden nach neuester deutscher Technik überlappend angebracht, die Federungseigenschaften waren hervorragend. Die Dringlichkeit der Fertigung führte zu einer gefährlich kurzen Erprobungsphase, der neue Hoffnungsträger litt anfangs an vielen Kinderkrankheiten.

1944, ein Jahr nach seiner Einführung, sollte der Panther ein gut ausgewogenes Waffensystem sein. Er sollte sich in zahllosen Gefechten allen gegnerischen Typen, ob T-34 oder M4 Sherman, als weit überlegen zeigen.

Ein Panther früher Bauart (Ausf D) auf dem Kasernenhof in Erlangen. Bild: Sammlung Thomas Anderson

Unter Wasser

64 Tauchpanzer

Die Beweglichkeit eines Panzers wird durch viele Parameter beeinflusst. Gewässer – Flüsse und Seen – stellen die wohl größte Barriere dar. Was für den Verteidiger von Vorteil ist, stellt Angreifer vor große Probleme. Zunächst wurden Lösungen gesucht, um Panzer schwimmfähig zu gestalten. Diese an sich naheliegende Technik erwies sich für leichte Fahrzeuge als durchaus wirksam. Für schwerere Panzer war diese Lösung hingegen nicht ideal.

Erste Versuche fanden um 1920 statt. Durch sorgfältiges Abdichten der Wanne erhielten Panzerfahrzeuge eine grundsätzliche Watfähigkeit, diese konnte je nach Typ und Größe zwischen 80 und 120 Zentimeter betragen.

Bereits 1940 sollten deutsche Panzer für das Unternehmen Seelöwe, der geplanten Invasion der englischen Inseln, für Tauchfahrten in größerer Tiefe (bis 15 Meter) umgebaut werden. Die PzKpfw III und IV wurden

Die bei der Landung bei Dieppe eingesetzten britischen Churchill waren tiefwatfähig. Bild: Doyle

komplett abgedichtet, Atemluft und Verbrennungsluft für den Motor wurden durch einen großen Schnorchel zugeführt.

Nach Absage des Unternehmens wurden die vorhandenen Tauchpanzer auf mehrere Einheiten verteilt und wieder umgebaut. Nun nur noch bis zu einer Wassertiefe von vier bis fünf Metern watfähig, wurden sie beim Angriff auf die Sowjetunion im Juni 1941mit Erfolg während des Übergangs über den Bug verwendet.

Nach einer Tauchfahrt verlässt dieser Leopard 2 ein Gewässer, im Unterwasserfahrschacht steht der Kommandant in luftiger Höhe. Bild: Sammlung Thomas Anderson

England setzte während des misslungenen Angriffs auf Dieppe im August 1942 tiefwatfähige Panzer vom Typ Churchill ein, die durch Landungsschiffe vor der Küste abgesetzt wurden.

Seit den 1960er-Jahren verfügen praktisch alle modernen Standardpanzer über Tiefwat-Fähigkeiten. So kann der Leopard 2 nach Aufsetzen eines Unterwasserfahrschachts Gewässer bis zu einer Wassertiefe von vier Metern durchqueren. Über diesen großen Schacht, der auf die Kommandantenkuppel aufgesetzt wird, ist im Notfall die Evakuierung der vierköpfigen Besatzung möglich. Russische Panzer tragen im Einsatz je nach Typ zwei bis drei Rohre, die Besatzung muss sich auf Tauchretter verlassen. Diese Rettungsgeräte erlauben das Atmen je nach Tauchtiefe für etwa 15 bis 45 Minuten.

Der russische T-80U benötigt drei Röhren. Bild: Netrebenko

Panzerabwehr Selbstfahrlafetten

65

Neue Kanonen auf alten Fahrgestellen

Der Schutz der Infanterie vor der Schlagkraft der Panzer stellte Anfang des Zweiten Weltkriegs ein großes Problem dar. Aus wirtschaftlichen Gründen war es nicht möglich, die Infanterie-Divisionen ebenfalls mit Panzern auszustatten. Diese Einheiten erhielten stattdessen gezogene Panzerabwehrkanonen (PaK).

Im deutschen Heer waren diese Waffen spätestens mit Beginn des Russland-Feldzuges überfordert, die immer schwerer werdenden Geschütze waren im Schlamm und Schnee in ihrer Beweglichkeit mehr und mehr eingeschränkt.

Neue Kanonen auf alten Fahrgestellen

In dieser Lage musste auf Notlösungen zurückgegriffen werden, ab 1942 sollte die neue 7,5-cm-PaK 40 auf Fahrgestelle technisch überholter Panzer aufgesetzt werden. Diese Selbstfahrlafetten (Sfl) waren mit kastenartigen Panzeraufbauten versehen, die Waffe und Besatzung nur bedingt gegen Beschuss, Splitter und die Witterung schützten, eine eigentlich wenig befriedigende Lösung.

Die Hornisse, später Nashorn genannt, war dank der 8,8-cm-PaK 43/41 ein sehr wirksamer Panzerjäger. Bild: Sammlung Thomas Anderson

Die Russen montierten die 76,2 mm ZiS-3 PaK auf das verlängerte Fahrgestell des leichten Panzers T-70. Bild: Sammlung Thomas Anderson

Auch wenn im Verlauf des Krieges Sturmgeschütze und später Jagdpanzer zur Verfügung standen, konnte auf diese Selbstfahrlafetten nie ganz verzichtet werden. Ein Fahrzeug, das Nashorn, war dank seiner 8,8-cm-PaK 43/41 überaus erfolgreich.

Russland wählte einen ähnlichen Weg, auf dem Fahrgestell eines leichten Panzers wurde eine Sfl mit der 76,2 mm ZiS-3 gefertigt (SU-76).

Die USA sollten Selbstfahrlafetten nur in begrenztem Maße einführen. Stattdessen wurden die Infanterie-Divisionen mit dem M10 Tank Destroyer ausgestattet. Dieser Panzerjäger basierte auf dem Fahrgestell des mittleren Panzer M4, das 76-mm-Geschütz war in einem oben offenen Drehturm eingebaut.

Später folgte der M18 Hellcat, ein spezialisierter und hoch beweglicher Panzerjäger mit einer verbesserten 76-mm-Kanone.

Der amerikanische M18 hatte einen Drehturm. Bild: NARA

Absonderlich!

66 PaK auf Schnecken-Schlepper

Ostfront 1942/43! Die deutschen Landser lagen in ihren Stellungen, während russische Panzer angriffen, Welle auf Welle. In dieser fatalen Lage wurde eine effektive mobile Panzerabwehr gebraucht. Die deutsche Industrie war jedoch kaum in der Lage, das nötige Gerät, Selbstfahrlafetten und Sturmgeschütze, zu liefern. Das Waffenamt entschied nun, zu improvisieren. Die neue 7,5-cm-PaK 40 wurde kurzerhand auf das Fahrgestell eines Raupenschleppers gesetzt. Was auf den ersten Blick als interessante und wirtschaftliche Lösung erschien, sollte sich im harten Einsatz als Vollpleite erweisen.

Der Schlepper, der RSO von Steyr, war für den Einsatz im tiefen Schlamm oder Schnee konzipiert. Mit seiner Höchstgeschwindigkeit von etwa 15 km/h nicht eben flink, war dieser für den dynamischen Feuerkampf so gar nicht geeignet. Da der Motor praktisch immer röhrend auf Volllast gefahren werden musste, war die andere Seite praktischerweise immer vorgewarnt. Das einfache Lenksystem führte zu einer rockigen Fahr-

Der RSO war ein langsam laufender Kettenschlepper. Die 7,5-cm-PaK 40 konnte ihre Stärken nicht ausspielen. Bild: Sammlung Thomas Anderson

Ontos! Jedes der sechs Geschütze trug ein Cal .50 Markierungsgewehr. Traf das Leuchtspurgeschoss das Ziel, wurde die Wumme abgefeuert. Bild: U.S. Army

weise, mit entsprechenden Auswirkungen auf die empfindlicheren Teile von Waffe und Besatzung. Letztere war der feindlichen Waffenwirkung praktisch ungeschützt ausgesetzt. Man darf davon ausgehen, dass o. g. Landser eher ungehalten waren.

Ontos – das Ding hat´s drauf

Nach dem Zweiten Weltkrieg sollten die USA ebenfalls einen unkonventionellen Panzerjäger auf Kettenfahrgestell einführen. Offiziell M50 genannt, sollte ein altsprachlich ausgebildeter Spaßvogel die griechische Bezeichnung Ontos einführen, das Ding. Das kleine Fahrzeug trug keine konventionelle PaK, sondern gleich sechs rückstoßfreie 105-mm-Geschütze. Das Fahrgestell war, anders als beim RSO, der Brüller. Dank seines 145-PS- (später 180-PS)-Motors und breiter gummierter Ketten sehr agil, konnte Ontos seine Stärken während des Vietnamkriegs ausspielen. Die 105-mm-Geschütze waren sowohl im Kampf gegen Panzer als auch gegen weiche Ziele erfolgreich. Die verhältnismäßig geringe Reichweite von 1.000 Metern konnte im dichten Urwald in Kauf genommen werden. Die geringe Panzerung und der Munitionsvorrat von zwölf Schuss waren unvorteilhaft.

Achtung Minen!

67

Flegelhafter Minenräumer

Der Einsatz von Minen ist ein wirksames Mittel, um den Angriff gepanzerter Fahrzeuge zu stoppen. Dabei muss der Panzer nicht notwendigerweise komplett zerstört werden, oft genügt eine Beschädigung des Laufwerks oder der Wanne. Ist der Panzer erst einmal bewegungsunfähig, so wird er ein leichtes Opfer für die eigenen Panzer oder Panzerjäger. So sind Minenfelder noch heute Bestandteil einer jeden Verteidigung, sie können einen Gefechtsabschnitt wirksam sperren.

Oben: Ein M4 Sherman Flail tank.

Unten: Ein T-34 mit KMT-4 Minenrollern.

Bilder: Sammlung Thomas Anderson

Das Aufspüren und Neutralisieren von Minen ist die Aufgabe der Pioniere. Auf gefährliche Art mussten die vergrabenen Sprengsätze mit Minennadeln aufgespürt und geborgen werden. Unter Feindfeuer ist das nicht, oder nur unter Verlusten möglich. Bereits früh wurden erste technische Möglichkeiten gesucht.

Deutschland entwickelte Funkferngelenkte Sprengfahrzeuge, die Ladungsleger (Borgward B IV). Diese führten vorne eine 450 Kilogramm schwere Abwurfladung mit. Beim Erreichen des Zielgebiets konnte diese Ladung ferngelenkt abgesetzt werden. Diese detonierte zeitverzögert, nachdem der Ladungsleger in Sicherheit war. Gegen Minen eingesetzt, sollten diese durch die enorme Explosion im weiten Umkreis zerstört werden.

Die West-Alliierten entwickelten eigene Lösungen. Panzer vom Typ Churchill und M4 Sherman wurden vorne mit rotierenden Walzen ausgestattet. Diese trugen schwere Ket-

Auch der Keiler der Bundeswehr nutzt Dreschflegel. Bild: Bundeswehr

ten, die den Boden wie Dreschflegel aufwühlten und Minen zuverlässig zerstörten. Auch wurden schwere Minenroller, die von Panzern geschoben wurden, eingeführt. Aunt Jemima (Tante Jemima) genannt, konnten diese an der Front eines M4 Sherman angebracht werden. Das mehrere Tonnen schwere Gerät bestand aus großen Rädern mit einem Durchmesser von drei Metern.

Mehrere B IV fahren nach vorne, die Sprengladung war in einer Kiste. Bild: Slg. Anderson

Russland entwickelte für alle Panzertypen ähnliche, deutlich kleinere und praktikablere Lösungen, diese Räumpflüge werden noch heute eingesetzt. Eine weitere Lösung ist das Auslegen von Sprengschnüren durch Treibsätze bzw. Raketen. Waffensysteme wie der russische UR-77 Meteorit schaffen so unter günstigen Umständen eine minenfreie Gasse von sechs Metern Breite und 90 Metern Länge.

Die Bundeswehr führte vor 20 Jahren das Dreschflegel-Prinzip wieder ein, der Minenräumpanzer Keiler kann binnen zehn Minuten eine Gasse von fünf Metern Breite und 120 Metern Länge räumen.

Masse statt Klasse?

68

Die Vereinigten Staaten liefern

Mit Kriegseintritt der USA am 8. Dezember 1941 sollten die Karten neu gemischt werden. Dank der enormen wirtschaftlichen Leistungsfähigkeit des Landes im Hintergrund beginnt der Aufbau einer eigenen Panzerwaffe.

Bislang standen nur leichte Panzer vom Typ M3 zur Verfügung. Die Arbeiten an einem ersten mittleren Kampfpanzer, die nur langsam vorangingen, sollten nun intensiviert werden. Da die Zeit drängt und eine 75-mm-Kanone eingebaut werden soll, entsteht zunächst ein wenig fortschrittliches Modell. Der M3 Medium Tank, auch General Lee genannt, wird in genieteter Bauweise gefertigt, das Geschütz wird im Aufbau seitlich versetzt mit nur geringem Seitenrichtbereich eingebaut. In einem kleinen Turm steht eine 37-mm-Kanone zur Verfügung.

Im Verlauf des Jahres 1942 wird das Konzept überarbeitet. Ein neues Wannenoberteil wird eingeführt, die 75-mm-Kanone in einem größeren Turm eingebaut. Das neue Modell, M4 oder General Sherman genannt, erweist sich trotz der nur durchschnittlichen Bewaffnung und Panzerung als sehr erfolgreich. Als wichtiger erweist sich die außerordentliche Robustheit und Zuverlässigkeit der Antriebsaggregate und des Fahrwerks.

Die einfache Auslegung des Panzers erlaubt die konsequente Verbesserung des mittleren Panzers, ohne die Fertigung lange unterbrechen zu müssen. So kann 1944 die schwache 75-mm-Kanone durch ein deutlich wirkungsvolleres 76-mm-Geschütz ersetzt werden, das den Kampf auch gegen moderne Panzer ermöglicht. Mit Einführung eines neuen Laufwerks kann auch die Beweglichkeit verbessert werden.

Die insgesamt einfache technische Auslegung des General Sherman ermöglichte die kostengünstige Fertigung größter Stückzahlen. Bis Kriegsende wurden etwa 50.000 gefertigt, Verluste konnten schnell ausgeglichen werden.

Der M4A3 war dank langer 76-mm-Kanone ein ernstzunehmender Gegner. Bild: NARA

Ein M3 Medium General Grant mit charmanter Wartungs-Crew. Bild: Library of Congress

Hobart´s Funnies

Die Stunde der Spezialisten

69

Generalmajor Percy Hobart war ein einfallsreicher Mann. Der Offizier kommandierte die britische 79. Division am Vorabend der großen Invasion in der Normandie im Juni 1944. Der Offizier hatte die bitteren Erfahrungen, die die Briten im August 1942 während des misslungenen Landungsversuchs bei Dieppe machen mussten, analysiert. Hobart erkannte klar, dass den Briten das Gerät fehlte, um die Landungstruppen während der kritischen frühen Phase einer amphibischen Landung zu unterstützen.

Vorläufer der modernen Pionierpanzer

Hobart wählte den nach seiner Ansicht am meisten geeigneten alliierten Panzer, um Unterstützungsfahrzeuge zu schaffen. Der britische Infanterie-Panzer Mark IV Churchill hatte eine starke Panzerung und war trotz seines hohen Gewichts auch in tiefem nassem Sand sehr geländegängig. Zu Beginn des Jahres 1944 waren erste Lösungen fertig.

Damit anlandende Panzer im weichen Sand der Atlantikküste nicht festfuhren, konnte der Churchill Bobbin vorgeschickt werden. Dieser trug eine

Man fahre zwei Churchill Ark in die Grube, fertig ist die Brücke. Bild: Doyle

Dieser Pionierpanzer, ein Churchill Bobbin, konnte eine Leinwandmatte durch weiches Terrain verlegen, damit auch Radfahrzeuge mobil blieben. Bild: Doyle

riesige Spule vor seinem Turm, auf der eine drei Meter breite Leinwandbahn aufgerollt war. Nach der Landung wurde die Spule entriegelt, der »Teppich« fiel herab und wurde vom Trägerfahrzeug vollständig abgerollt. So entstand eine Fahrspur, über die Ketten- und Radfahrzeuge den weichen Sand sicher überqueren konnten.

Um deutsche Befestigungen direkt angreifen zu können, war der Churchill AVRE mit einem Petard-Mörser ausgestattet. Dieser verschoss 20-Kilogramm-Sprengladungen über Distanzen bis 130 Meter. Der Churchill Crocodile trug einen Flammenwerfer, der Stellungen und Bunker auf Entfernungen von mehr als 100 Metern bekämpfen konnte.

Der Churchill Flail Tank, ein Minenräum-Panzer, war vorne mit einer horizontal rotierenden Walze versehen, an der massive Ketten mit schweren Gewichten angebracht waren. Durch außen liegende Motoren angetrieben, schlugen diese Ketten Dreschflegeln gleich auf das Gelände und brachten Minen zur Detonation.

Der Churchill Ark, von dem verschiedene Varianten gebaut wurden, war ein Brückenlege-Panzer. Hobarts einfach-geniale Kampfunterstützungs-Fahrzeuge waren die Vorfahren der modernen Pionierpanzer.

Sturmpanzer

70

Dicke Wumme, schwerer Panzer

Bereits im Ersten Weltkrieg zeichnete sich die Entwicklung eines spezialisierten gepanzerten Fahrzeugs ab – des Sturmpanzers. Diese Fahrzeuge sollten in der Lage sein, dank ihrer schweren Bewaffnung gegnerische Befestigungen mit nur wenigen Schüssen zu vernichten. Eines der ersten Fahrzeuge dieser Art war der französische St. Chamond. Bereits 1916 im Einsatz, war der Panzer mit der berühmten 75 mm canon de 1897 bewaffnet. Aufgrund seiner unvorteilhaften Wannenkonstruktion – der Bug ragte zwei Meter über das Fahrwerk hinaus – sollte sich der St. Chamond nicht bewähren. Schon bei ersten Angriffen fuhren sich alle beteiligten Fahrzeuge im Gelände fest.

Der Sturmtiger – technisch und taktisch unbeweglich.

Bild beide Seiten: Sammlung Thomas Anderson

In der Zeit zwischen den Kriegen rüstete England einen Teil seiner Cruiser-Panzer zur Feuerunterstützung mit Haubitzen aus. Ein erster echter Sturmpanzer erschien jedoch erst 1944 mit dem Churchill AVRE, der den Pionieren zugeteilt war. Der Panzer trug einen Petard-Ladungswerfer, der schwerste Sprengladungen über etwa 70 Meter verschießen konnte. Die Churchill AVRE konnte mit weiteren Pioniermitteln ausgerüstet werden, so Faschinenträgern oder Minenräumsystemen.

Deutschland wiederum wählte einen anderen Weg und schuf schwerst bewaffnete und gepanzerte Sturmpanzer. Der Sturmtiger trug einen Aufbau mit bis zu 150 Millimeter starken Panzerplatten. Der eingebaute 38-cm-Sturmmörser, ein Raketenwerfer, erreichte Reichweiten von bis zu 5.000 Metern.

Nach dem Krieg sollten nur England und die USA ihre Konzepte weiter entwickeln. Das Combat Engineer Vehicle M728 war mit einer verbesserten Variante des britischen Petard-Mörsers bewaffnet, eine Räumschaufel und ein Kran komplettierten die Pionierausrüstung.

Improvisierte Panzerungen

71

Wenn man sich so besser fühlt?

Der Kampfwert eines Panzers ist, vorsichtig gesagt, immer relativ zu betrachten. Im Allgemeinen offenbaren sich Stärken und Schwächen erst in der harten Realität an der Front. Die Befindlichkeit der Soldaten, die mit dem Panzer kämpfen, wird davon natürlich maßgeblich beeinflusst. Da die eigene Sicherheit bedroht ist, werden Soldaten erfinderisch. Die Möglichkeiten einer direkten Einflussnahme ist jedoch gering. So können Bewaffnung und die Beweglichkeit kaum verbessert werden.

Anders sieht das beim Panzerschutz aus. Wenn während der Schlacht Panzer reihenweise durch Beschuss ausfallen, steigt das Bestreben einzugreifen. Bereits zu Anfang des Zweiten Weltkriegs montierten deutsche Panzerbesatzungen trotz strenger Verbote Kettenglieder oder Stahlplatten an die Frontpartie ihrer PzKpfw III. Diese mehr oder weniger hilflosen Versuche sind psychologisch verständlich, das Gefühl der Sicherheit förderte den Kampfgeist. Diese »Verbesserungen« erhöhten Gewicht des Panzers nicht unbeträchtlich und konnten dessen Beweglichkeit einschränken. Deutsche Sturmgeschütz-Besatzungen sollten später während des Russland-Feldzuges alles tun, um ihre Fahrzeuge und damit sich selbst zu schützen. Auf die Aufbaufront wurden gelegentlich dicke Lagen Zement aufgetragen, kapitale Holzstämme an den Seiten sollten den Schutz der dünnen Seitenpanzerung verstärken. Mit Einführung der Panzerfaust konnten mutige Nahkämpfer praktisch jeden feindlichen Panzer auf kurze Entfernungen ausschalten. Angesichts dieser Bedrohung schweißten amerikanische Soldaten Gestelle an Wanne und Turm, in denen Sandsäcke zusätzlichen Schutz bieten sollten. In Berlin wurden an viele T-34 Bettgestelle angebracht, diese Abstandspanzerungen sollte die Hohlladungen wirkungslos verpuffen lassen.

Durchaus wirkungsvoll. Ein russischer T-72 B3 mit Dachschutz.

Auch während des Kriegs in der Ukraine tauchten vergleichbare Lösungen auf. Russische Panzersoldaten montierten grotesk große Gestelle auf die Türme ihrer Panzer, um Angriffe durch Drohnen, die die dünne Panzerung der Turmdecke zu durchschlagen drohten, abzuwehren.

Kanonen auf Ketten

72

Artillerie-Selbstfahrlafetten

Trotz der Erfolge der Panzer war und ist die Artillerie eine wichtige Unterstützungswaffe der Panzerdivisionen. Diese Geschütze, Kanonen und Haubitzen, wurden zunächst im Pferdezug bewegt. Mit zunehmendem Kaliber sollte das Gewicht auf Dimensionen ansteigen, die auf diese Weise nicht mehr bewältigt werden konnten. Zunächst wurden im Ersten Weltkrieg Dampf-Lokomobile eingeführt, parallel dazu folgten bald die ersten Zugmaschinen mit Verbrennungsmotor. Damit war ein erster Erfolg erreicht, auch schwere Geschütze konnten bewegt werden, wenn auch nur langsam und auf befestigten Wegen und Straßen. Nun war es naheliegend, diese Geschütze auf Ketten-Fahrgestelle zu montieren, der technische Aufwand war überschaubar. Angesichts beschränkter wirtschaftlicher Mittel sollte es jedoch bis 1943 dauern, bis Deutschland als erste kriegführende Nation Artillerie-Selbstfahrlafetten in großem Maßstab einführte. Für die Panzer- und Panzergrenadierdivisionen wurden die wichtigsten Waffen auf bewährte Panzerfahrgestelle aufgebaut. Nach Anpassung der Fahrgestelle entstanden die 10,5 cm leichte Feldhaubitze auf Fahrgestell des PzKpfw II (Wespe) und die 15 cm schwere Feldhaubitze auf Fahrgestell PzKpfw III/IV (Hummel). Die Lösungen waren ähnlich, Waffe und Bedienung waren durch dünne Panzerplatten gegen Beschuss aus leichten Waffen und Splitter notdürftig geschützt. Die Panzeraufbauten waren oben offen. Die Ketten-Fahrgestelle verliehen den Geschützen eine ausreichende Geländegängigkeit.

Hummel im Feuerkampf. Bild: Sammlung Anderson

Nur die Vereinigten Staaten konnten im Zweiten Weltkrieg ähnliche Lösungen entwickeln und in größeren Stückzahlen einführen. Wie in Deutschland wurden Geschütze der Divisionsartillerie herangezogen, die 105 mm howitzer auf Fahrgestelle des M4 Sherman (M7 Priest) und die 155 mm gun auf Fahrgestelle des M3 (M12). Sowohl die deutschen als auch die amerikanischen Lösungen sollten sich im Rahmen ihrer Möglichkeiten bewähren. M7 und M12 verfügten jedoch über deutlich robustere und zuverlässigere Fahrgestelle.

Ein echter Schwimmer

73

Der geht nicht unter!

Seit den Zeiten des Ersten Weltkriegs träumen Militärs davon, ihre Panzer schwimmen zu lassen. Erste Versuche begannen in den 1920er-Jahren. Russland und Japan sollten als erste funktionsfähige Lösungen einführen, die Klein-Amphibien sollten zumeist als Aufklärungsfahrzeuge dienen.

Volldampf voraus! Das EFV im Einsatz. Bild: Slg. Anderson

Für große amphibische Operationen wie der geplanten Landung in der Normandie waren diese einfachen Lösungen nicht geeignet. In der kritischen Anfangsphase wurden mittlere Panzer mit ihrer Feuerkraft und ihrem Panzerschutz benötigt. Zum Teil konnten diese durch Landungsschiffe angelandet werden. Diese großen Schiffe waren jedoch auch Ziel aller Waffen des Gegners. Daher entschlossen sich die Alliierten 1944, ihre Panzer mit Leinwand-Aufsätzen und Vortriebsschrauben zu versehen. Dieser »Duplex-Drive« war unvollkommen, die Panzer waren während der Landung selbst nicht kampffähig. Bei schwerer See drohten die Panzer zu kentern.

Nach dem Krieg änderten sich die Anforderungen mehrfach. So sollten die für die Landung nötigen Transportschiffe keiner direkten Gefahr mehr ausgesetzt werden. Es war unerlässlich, die Fähigkeiten der Landungsfahrzeuge selbst stark zu steigern. Ab 1980 entstand in den USA ein interessantes Konzept, ein leistungsfähiges Waffensystem namens Expeditionary Fighting Vehicle. Das Fahrzeug sollte 17 Marines transportieren können. In einem Drehturm war eine 30-mm-Maschinenkanone eingebaut, während der Landung war so theoretisch ein Feuerkampf möglich. Während der Vorläufer AAV im Wasser nur etwa drei Kilometer schwimmend überbrücken konnte, sollte das EFV 25 Kilometer schaffen. Gleichzeitig wurde die Geschwindigkeit im Wasser durch technische Tricks erheblich erhöht. Das Kettenlaufwerk konnte »eingeklappt« werden, der Rumpf glich nun fast einem Boot. Auf diese Weise waren fast 40 km/h möglich – Schnellboot-Qualität! Die U.S. Marines freuten sich bereits auf mehr als 1.000 Schwimmpanzer. Jedoch verhinderten Qualitätsprobleme und ausufernde Kosten die Einführung des neuen Waffensystems, alle Arbeiten wurden gestoppt.

74 Paper Tiger

Tarnen – Täuschen – Tricksen

Panzer-Attrappen, mit einfachsten Mitteln herzustellende Leinwand- oder Plastikimitationen, sind seit jeher ein bewährtes Mittel aller kriegführenden Nationen. Dabei sind die Zielsetzungen ihres möglichen Einsatzes durchaus unterschiedlich:

Ausbildung

Bereits im Ersten Weltkrieg wurden deutsche Rekruten an Kampfwagen-Nachbildungen ausgebildet. Der Mangel an Kraftfahrzeugen zwang dazu, diese »Tanks«, einfache Leiterwagen mit einem Segeltuchaufbau, durch Gespanne beweglich zu machen. Diese einfachen Lösungen dienten zur Schulung der Geschützbesatzungen, die angreifende Tanks auf Kernschussweite (kurze Distanz mit annähernd horizontaler Flugbahn) bekämpfen mussten.

Als das Deutsche Reich Ende der 1920er-Jahre die Bestimmungen des Versailler Vertrages immer offener umging, wurden Attrappen in großer Zahl verwendet, um die nicht vorhandenen Panzer zu simulieren. Leichte Pkw wie der BMW Dixi, und oft sogar Fahrräder wurden mit Aufbauten versehen, die gepanzerte Fahrzeuge wie Panzerspähwagen darstellen sollten. Unter den Aufbauten trainierten die künftigen Besatzungen den Kampf in Panzern mit ihren beschränkten Sichtverhältnissen. Die Führung lernte, den Kampf größerer Formationen unter Nutzung von Funkgeräten aus der Ferne zu führen.

Täuschung

Attrappen können auch zur Täuschung eingesetzt werden. Dies konnte besonders in der Verteidigung wirksam sein, durch die Simulation starker Kräfte wurde versucht, den Angriff des Feindes in vorbereitete Geländeabschnitte zu lenken. Diese Täuschung funktioniert auch bei feindlicher Luftaufklärung.

Während der Kämpfe in Nordafrika versahen die Engländer Panzer mit Aufbauten, die auf weite Entfernungen Lastkraftwagen ähnelten. Auf der Gegenseite ließ Rommel hölzerne Geschütz-Attrappen aufstellen, um die gegnerische Aufklärung zu verwirren.

Die USA, mit ihren unbegrenzten wirtschaftlichen Möglichkeiten schließlich, produzierten aufblasbare Panzerattrappen in Serie.

Stolze Reichswehr-Offiziere vor ihren »Panzern«, Pkw des Typs BMW Dixi im Schlafrock.

Bild: Sammlung Thomas Anderson

Täuschung auf den ersten Blick. Ein M4A1 Sherman und die Aufblas-Variante.

Bild: Sammlung Thomas Anderson

Jagdpanzer

75

Das bessere Sturmgeschütz?

1943 sollte in Deutschland das Konzept der Sturmgeschütze weiterentwickelt werden. Diese Entscheidung erfolgte zum Einen aufgrund der überaus großen Erfolge der Sturmartillerie-Einheiten im Osten. Es waren aber auch produktionstechnische Gründe ausschlaggebend – turmlose Fahrzeuge waren einfacher herzustellen! Zunächst sollte neben dem Fahrwerk des PzKpfw III auch das des PzKpfw IV herangezogen werden.

Jagdpanther, Jagdtiger & Co.

Ein erster grundlegender Wandel erfolgte, als Vomag die Fertigung des PzKpfw IV ganz aufgab und ein »neues Sturmgeschütz« mit geschossabweisender Panzerung entwickelte. Er ging 1944 in die Fertigung und war zunächst mit der 7,5-cm-L/48-Waffe der alten Sturmgeschütze bewaffnet. Das Fahrgestell konnte jedoch auch die überragende Waffe des neuen PzKpfw Panther tragen, ein weiterer Jagdpanzer entstand (Pz IV/70)

Der Jagdpanther setzte dank starker Bewaffnung und guter Panzerung neue Maßstäbe.

Bild: Sammlung Thomas Anderson

Überzogen! Der Jagdtiger war aufgrund seines hohen Gewichts technisch anfällig und unbeweglich. Bild: Sammlung Thomas Anderson

Das turmlose Konzept wurde auch auf die neuen Kampfpanzer übertragen. So entstand 1944 der Jagdpanther, der mit der 8,8-cm-PaK 43/3 ausgerüstet war. Dieses Fahrzeug sollte sich sehr gut bewähren, die Waffe erwies sich allen Feindpanzern als überlegen, die Panzerung war bei Frontalbeschuss kaum überwindbar.

Ungefähr zeitgleich wurde mit dem Hetzer ein überraschend kleiner Jagdpanzer eingeführt. Das Fahrzeug basierte auf Fahrwerkskomponenten des PzKpfw 38, einer ehemals tschechischen Entwicklung. Aufgrund seiner robusten Technik sollte sich der leichte Hetzer gut bewähren, der Einsatz war jedoch auf Defensivoperationen beschränkt.

Einer sehr deutschen Logik folgend, sollte auch auf dem Fahrgestell des Königstigers ein Jagdpanzer gebaut werden. Mit der 12,8-cm-PzJgK 44 wurde das wohl leistungsstärkste Panzerabwehrgeschütz des Kriegs eingebaut, die Panzerung von maximal 25 Zentimetern war enorm. Allerdings hatte dieses Modell schwere Mängel. Der Jagdtiger war aufgrund seines hohen Gewichts nicht mehr sinnvoll einzusetzen. Auch war die Standfestigkeit der Kraftübertragung ungenügend, tatsächlich sollten mehr Fahrzeuge von ihren Besatzungen aufgrund geringer mechanischer Schäden gesprengt werden als die Zahl derer, die durch Feindeinwirkung verloren gingen.

Der König spricht!

76

Überlegenheit

Bereits kurz nach Einführung des Tigers wurde die Einführung eines verbesserten Modells beschlossen, der Tiger Ausf B oder auch Königstiger genannt werden sollte. Bewaffnung und Panzerschutz, die vielleicht für die Kampfkraft wichtigsten Variablen, sollten deutlich verbessert werden.

Da sich die ballistische Formgebung des Panthers im Einsatz sehr gut bewährt hatte, wurde dieses Merkmal übernommen. Die Panzerung selbst betrug frontal 150 Millimeter, seitlich und hinten 80 Millimeter. Als Bewaffnung wurde die 8,8-cm-KwK L/71 ausgewählt, ein Mehrzweckgeschütz mit außergewöhnlichen Leistungen. Bezogen auf diese technischen Parameter war der Königstiger sicherlich der kampfstärkste Panzer des Zweiten Weltkriegs. Auf große Entfernungen konnten bemerkenswerte Erfolge erzielt werden. Verzahnten sich die Fronten jedoch, erwies sich der Panzer als seitlich durchaus verwundbar.

Eindrucksvoll! Vor dem Königstiger hatten alle Gegner großen Respekt. Bild: Sammlung Thomas Anderson

Untermotorisiert und zu schwer

Die Motorisierung konnte nicht verbessert werden, dasselbe Maybach-Modell, das auch beim 46 Tonnen schweren Panther und beim 56 Tonnen schweren ersten Tiger verwendet wurde, sollte mit seinen 700 PS auch den neuen, deutlich schwereren Panzer antreiben. Angesichts seines hohen Gewichts von 70 Tonnen war dessen Beweglichkeit jedoch eher gering und für den modernen Bewegungskrieg, letztlich eine deutsche »Erfindung«, nur wenig geeignet.

Die aufwendige Fertigung des Panzers und seine technische Anfälligkeit banden wertvolle Ressourcen, eine Bergung ausgefallener Fahrzeuge war praktisch unmöglich.

Kugeln gegen Flieger

77

FlaKpanzer

Im Ersten Weltkrieg sollten nicht nur Panzer ihr Debut haben, auch das Flugzeug offenbarte seine enormen Möglichkeiten. In niedrigen Höhen fliegend, konnten Bodentruppen durchaus effektiv angegriffen werden. Um diese Bedrohung abzuwehren, wurden Maschinengewehre herangezogen, und bald darauf Maschinenwaffen größeren Kalibers.

In der Zwischenkriegszeit entstanden die Einsatzprinzipien, die zu den großen Erfolgen der deutschen Panzertruppe führen sollten. Die Bedrohung aus der Luft war allen Verantwortlichen klar, der Schutz der Bodentruppen gegen Tief- und Sturzkampfbomber wurde immer dringender.

In allen Streitkräften entstanden auch bewegliche Flugabwehrsysteme, Maschinenwaffen zwischen zwei und vier Zentimetern wurden auf Halbkettenfahrzeuge und auch Panzer montiert.

Nach der Niederlage in Nordafrika intensivierte Deutschland diese Arbeiten. Mit dem Wirbelwind, der mit dem wirksamen 2-cm-FlaK-Vierling 38 bewaffnet war, entstand eine erste wirklich brauchbare Lösung. Die

Der Wirbelwind war mit seinem 2-cm-FlaK-Vierling ein brauchbarer FlaKpanzer. Bild: Sammlung Thomas Anderson

Immer noch aktuell. Der deutsche Gepard setzte Maßstäbe. Bild: Bundeswehr

Waffe erreichte eine Feuergeschwindigkeit von 800 Schuss in der Minute, und erreichte so eine hohe Trefferwahrscheinlichkeit.

Nach dem Krieg sollten andere Nationen nachziehen. Ein Meilenstein war der russische ZSU-23-4, ebenfalls eine Vierlingswaffe. Das ab 1960 verfügbare Waffensystem war auf einem Panzerfahrgestell montiert. Dank einer Radaranlage konnten Ziele bis aus zehn Kilometern erfasst werden, die Bekämpfung war auf etwa 2.500 Meter möglich. Die USA verließen sich zunächst auf reine Feuerkraft. Ebenfalls in den 1960ern erschien der M163 Vulcan, der mit einer sechsläufigen rotierenden 20-mm-Kanone ausgerüstet war. Aufgrund seiner außerordentlichen Feuergeschwindigkeit von 3.000 Schuss pro Minute war die Treffgenauigkeit gut, bei einer eher enttäuschenden effektiven Reichweite von etwa 1.200 Metern.

15 Jahre später sollte die Bundeswehr den FlaKpanzer Gepard einführen. Dieses sehr fortschrittliche Waffensystem war mit zwei 35-mm-Maschinenkanonen ausgerüstet, das größere Kaliber versprach eine bessere Wirkung im Ziel. Die Waffenanlage wurde durch eine Kombination aus einem Überwachungsradar sowie einem Zielfolgeradar unterstützt.

Dieses sehr erfolgreiche Waffensystem wurde trotz einiger Kampfwertsteigerungen im Jahr 2010 ausgemustert. Eingelagerte Restbestände wurden 2022 an die Ukraine übergeben, die das Waffensystem mit großem Erfolg zur Drohnenbekämpfung einsetzt.

Risiko!

Tod im Panzer

Panzer sollen ihre Insassen durch ihre Panzerung bestmöglich schützen. Dadurch bleiben gleichzeitig auch die Waffen intakt. Auf dem Gefechtsfeld ist der Panzer aber jedoch gleichzeitig Ziel vieler Waffen des Gegners.

Die Panzer des Ersten Weltkriegs waren zunächst nur gegen die Waffe geschützt, die den Grabenkrieg auslöste – das Maschinengewehr. Der technische Fortschritt führte dann schnell zur Einführung geeigneter Abwehrwaffen. Auch sollten sich Panzer selbst als wichtiges Mittel zur Bekämpfung gegnerischer Kampfwagen erweisen.

Kleinkalibrige Panzerabwehrwaffen konnten Panzerungen durchschlagen, diese sollten aber oft keine größeren Schäden im Inneren anrichten. Granaten von größerem Kaliber und Hohlladungsgeschosse können einen Panzer jedoch vollständig zerstören. Oft genug entflammt der Treibstoff, auch kann die Munition detonieren. Für die Besatzung hat das fatale Folgen, eine derartige Explosion wird keiner überleben.

Traurige Berühmtheit erlangten die Panzer moderner russischer Bauart. Da deren Munitionsvorräte direkt unter dem Turm in einem Ladekarussell untergebracht sind, kam es bei jedem Treffer in die Wanne zur Katastrophe – die folgende Explosion hob den Turm aus dem Drehkranz, oft landete dieser weit vom Panzer.

Trotz zusätzlichem Schutz wurde dieser T-72 B3 Opfer der ukrainischen Panzerabwehr. Bild: Kolomiets

Superschwere Panzer

Kolossal nutzlos

79

Es liegt anscheinend in der Natur des Menschen, sich mit dem vorhandenen Material nicht zufrieden zu geben. Der Wunsch, sich gänzlich unbehelligt vom Feindfeuer langsam durch die Linien des Feindes durchzuboxen, begleitete die Einführung der Tanks von Beginn an. Immer bessere Panzerabwehrwaffen führten dann zur Verstärkung von Panzerung und Bewaffnung. Das wiederum schrie nach noch stärkeren Waffen zur Bekämpfung dieser Panzer.

Der technische Aufwand für dieses Wettrennen war und ist enorm. Die Ingenieure sahen das durchaus sportlich, und versuchten technische Probleme sachlich anzugehen und dann zu lösen. Beschaffungsbehörden jedoch haben einen anderen Ansatz. Normalerweise arbeiten sie die Forderungen der Militärs ab und gleichen diese mit den vorhandenen technischen und finanziellen Möglichkeiten ab. Das alles kann zu bemerkenswerten Ergebnissen führen, der Tiger ist ein gutes Beispiel. Artete diese Entwicklung aus, so konnte das auch schiefgehen.

Ein gutes Beispiel ist die innige Beziehung Adolf Hitlers zu seinem Lieblingskonstrukteur Ferdinand Porsche. Der begnadete, vielleicht auch geniale Ingenieur schaffte es immer wieder, Hitler von seinen Lösungen zu begeistern.

Mäuschen – das ist nicht unbedingt ein passender Name für Porsches schwergewichtigen Super-Panzer. Bild: Sammlung Thomas Anderson

Vier Kettenlaufwerke! Der amerikanische T-28 wog 86 Tonnen. Bild: NARA

Und Hitler, der sich vom Weltkriegsgefreiten zum »größten Feldherrn aller Zeiten« mauserte, übernahm auch den Oberbefehl des Heeres. Nun griff der militärisch und technisch weitgehend talentlose Mann immer öfter in Bereiche ein, die bis dato von Spezialisten betreut wurden.

Tortoise – eine rollende Festung. Bild: Doyle

Porsche durfte dann, protegiert vom Führer, das »Mäuschen« zur Serienreife bringen. Der Superpanzer war äußerst gut gepanzert und trug eine durchschlagskräftige 12,8-cm-Kanone – und erreichte ein Gewicht von 180 Tonnen. Im Verlauf des Kriegs sollten auch die westlichen Alliierten in die Entwicklung superschwerer Panzer einsteigen, Giganten wie die Tortoise (Großbritannien, 79 Tonnen) und T-28 (USA, 86 Tonnen) entstanden.

Keines dieser Fahrzeuge sollte es in die Serie schaffen, nicht zuletzt, weil sie ein wichtiges Merkmal nicht erfüllen konnten – die Beweglichkeit. Heute stehen diese Kolosse für eine Verschwendung wertvoller Ressourcen.

Bergen, schleppen, reparieren

Zugmaschinen und Bergepanzer

80

Die Einsatzbereitschaft von Panzern wird durch eine Reihe von Faktoren beeinträchtigt. Schon bei Nutzung in Friedenszeiten werden einzelne Aggregate wie Motoren, Lenk- und Wechselgetriebe sowie das Fahrwerk stark beansprucht. Eine stete Wartung ist Voraussetzung für reibungsloses Funktionieren.

Unter den Bedingungen an der Front erschwert sich die Wartung. Dazu kommt die Notwendigkeit, ausgefallene Panzer zu bergen und zu transportieren. Fahren sich Panzer in tiefem Schlamm fest, oder wird ihr Fahrwerk durch Minen beschädigt, droht der Totalverlust. Um die so ausgefallenen Panzer zu bergen, wurden zunächst Zugmaschinen herangezogen, die oft mit Winden ausgestattet waren. Auf deutscher Seite erfolgte in den 1930er-Jahren die Einführung schwerer Halbketten-Zugmaschinen. Bis 1942 erfüllten diese ihre Aufgabe zur vollsten Zufriedenheit. Als ab 1942 immer schwerere Panzer wie Tiger und Panther im Kampf standen, waren diese Fahrzeuge überfordert. Um einen schweren Panzer Tiger abzuschleppen, wurden bis zu fünf dieser Zugmaschinen benötigt.

Oben: Verladen! Ein PzKpfw I auf einem Tieflader.
Unten: Russische Panzer werden verlegt. Bilder: Sammlung Thomas Anderson

Während des Zweiten Weltkriegs wurden spezielle gepanzerte Vollketten-Fahrzeuge zur Bergung beschädigter oder festgefahrener gepanzerter Fahrzeuge eingeführt. Diese entstanden oft auf dem

Der Bergepanzer 3 Büffel im Einsatz. Bild: Bundeswehr

Fahrwerk von Kampfpanzern. Ausgestattet mit Kränen, Winden und anderen Hebezeugen waren sie in der Lage, beschädigte Fahrzeuge aus schwierigem Gelände zu bergen, auch unter Feindfeuer. Weiter verfügten sie über Spezialwerkzeuge zur Reparatur beschädigter Ketten und zur Durchführung vorübergehender Reparaturen, um einen Panzer so schnell wie möglich wieder einsatzfähig zu machen. Bergepanzer spielen und spielten eine nicht zu unterschätzende Rolle bei der Unterstützung militärischer Operationen, indem sie die Einsatzbereitschaft gepanzerter Fahrzeuge sicherstellen.

Die heutigen Bergepanzer, zum Beispiel der Büffel, sind mit hydraulischen Kränen und leistungsfähigen Winden ausgestattet, und können das recht hohe Gewicht der bis 60 Tonnen schweren Kampfpanzer leicht bewältigen.

Ein Bergepanther schleppt einen Panther. Bild: Sammlung Thomas Anderson

Main Battle Tank

81

Ein Universalpanzer?

Seit der Schaffung der ersten Tanks im Ersten Weltkrieg wurden die Grenzen des technisch Machbaren immer weiter verschoben. Bis 1945 entstand eine Vielzahl unterschiedlichster Entwicklungen, das erklärte Ziel, die ideale Verbindung der drei wichtigen Merkmale Waffenwirkung, Beweglichkeit und Panzerschutz, sollte jedoch lange ein Wunschtraum bleiben.

Mit der Einführung der mittleren Panzer T-34, M4 Sherman sowie des deutschen Panther wurden, jeweils mit Einschränkungen, wirksame und »gut ausbalancierte« Waffensysteme geschaffen. Diese Panzer sollten als »mittlere« Panzer gelten, in Abgrenzung zu »schweren« Panzern.

Nach dem Ende des Zweiten Weltkriegs begannen Bestrebungen, die Kampfkraft dieser grundsätzlich erfolgreichen mittleren Panzer systematisch zu verbessern. Obgleich die Siegermächte USA, die Sowjetunion und auch Großbritannien beträchtliche Summen in die Entwicklung schwerer Panzer investierten, sollte sich mittelfristig ein neuer Typus durchsetzen, der Main Battle Tank (MBT).

Der deutsche Leopard 1A5. Ein typischer Main Battle Tank. Bild: Bundeswehr

Der russische T-55 trug eine 100-mm-Kanone, vor der Kommandantenkuppel ist ein schweres 12,7-mm-MG zur Fliegerabwehr erkennbar. Bild: Netrebenko

Der MBT sollte die Vorteile des mittleren Panzers – hohe Beweglichkeit und Wirtschaftlichkeit – mit der hohen Feuerkraft und dem Panzerschutz der schweren Panzer verbinden. Der Einbau einer leistungsfähigen Kanone erwies sich letztendlich als relativ leicht möglich, die Gewichtszunahme durch die schwerere Panzerung konnte dank des technischen Fortschritts gelöst werden. Der MBT konnte und kann aufgrund dieser neuen Kombination ein sehr weites Einsatzspektrum abdecken.

Als erster MBT kann wohl der britische Centurion gelten, der in der britischen Einsatzdoktrin sowohl die Aufgaben des Cruiser-Panzers (Kampfpanzer) als auch des Infanteriepanzers erfüllen konnte. Hier streiten die Historiker noch.

Auf sowjetischer Seite entstand um 1950 die erfolgreiche Baureihe T-54 bzw. T-55. Amerika zog zwei Jahre später mit der Einführung des M-48 nach. Obwohl diese in den jeweiligen Herstellernationen noch als mittlere Panzer galten, entsprachen diese Typen, bei teilweise sehr unterschiedlichen technischen Ansätzen, den an einen Main Battle Tank gestellten Forderungen.

Mit Einführung modernerer MBT, des britischen Chieftains, des sowjetischen T-64 und des amerikanischen M-60 und des deutschen Leopard, war die Phase der schweren Panzer endgültig vorbei. Die Vorteile der MBT sind noch heute gültig, praktisch alle aktuellen Kampfpanzer seit den 1960ern entsprechen diesen Grundsätzen.

Vom Battle Taxi zum IFV

Kampffahrzeuge für die Infanterie

82

In den 1960ern erschienen die ersten IFV – infantry fighting vehicles. Diese »Kampffahrzeuge der Infanterie« sollten den Fußsoldaten ein echtes Kampfmittel geben. Bereits die Panzergrenadiere der Wehrmacht nutzten ihre Schützenpanzerwagen offensiv, sie kämpften je nach Lage aufgesessen vom Fahrzeug aus. Dazu waren die Fahrzeuge mit unterschiedlichen Waffensystemen ausgestattet. Bezüglich Beweglichkeit und Panzerschutz setzte der Stand der Technik den Fahrzeugen jedoch enge Grenzen.

15 Jahre nach Ende des Zweiten Weltkriegs erschienen die ersten Schützenpanzer, die für diese Kampfdoktrin besser ausgestattet waren. Der skandalbehaftete HS 30 (oder Schützenpanzer lang) der Bundeswehr bot Platz für eine Grund-Besatzung von drei Soldaten und weitere fünf Grenadiere. Im vorderen Teil trug der SPW einen kleinen Turm mit einer 20-mm-Bordkanone. Die Besatzung war auch oben voll geschützt gegen Beschuss aus leichten Waffen und Splittern. Um ihre Waffen vom Fahrzeug aus zu nutzen, mussten die Dachluken geöffnet werden. Da damals der Einsatz chemischer Kampfstoffe nicht ausgeschlossen war, war diese Lösung nicht ideal.

Der Schützenpanzer lang sollte sich wegen zahlreicher konstruktiver Mängel nicht bewähren.

Oben: Der HS 30 von seiner besten Seite.
Unten: Der Schützenpanzer Marder. Bilder: Bundeswehr

BMP der NVA der DDR im Übungsangriff. Über dem 73-mm-Geschütz ist die 9M14 Malyutka sichtbar. Bild: Netrebenko

1966 führten die sowjetischen Streitkräfte den BMP ein. Dieses schwimmfähige Vollkettenfahrzeug trug mittig einen Turm, in dem ein rückstoßfreies 73-mm-Geschütz eingebaut war. Die Waffe verschoss entweder panzerbrechende oder Sprenggeschosse auf eine Entfernung bis etwa 1.000 Meter, die Treffgenauigkeit wurde als eher schlecht beschrieben. Zusätzlich war außen eine drahtgelenkte Panzerabwehrrakete montiert. Die AT-3 Sagger (Nato-Code) kann effektiv auf Entfernungen von nicht unter 500 bis etwa 3.000 Metern eingesetzt werden. Im überaus flachen Fahrzeug ist im hinteren Teil Platz für acht voll ausgerüstete Mot-Schützen, der Einsatz ihrer Waffen war durch Schießscharten gewährleistet.

Anfang der 1970er-Jahre führte die Bundeswehr einen neuen Schützenpanzer ein. Der Marder trug in einem kleinen Turm eine 20-mm-Maschinenkanone. Hinten waren sechs Soldaten untergebracht, eine Heckrampe erlaubte den schnellen Ausstieg. Der Marder erwies sich als leistungsfähiges Fahrzeug. Wie beim BMP wurden über die Jahre mehrere Kampfwertsteigerungen durchgeführt, beide Fahrzeuge sind bis heute im Einsatz.

Kalte Krieger

83 Die letzten schweren Panzer

Der Zweite Weltkrieg ging als Bewegungskrieg in die Geschichte ein. Schnelle Panzerverbände, unterstützt durch eine wirksame Luftwaffe, konnten in überraschenden Vorstößen große Geländegewinne erlangen – Blitzkrieg! Die Hauptlast trugen die Massenpanzer, Panzer wie der deutsche PzKpfw IV, der amerikanische M4 Sherman oder der russische T-34. Parallel dazu wurden, besonders auf deutscher und russischer Seite, schwere Panzer eingeführt, die der Infanterie in Schwerpunkten den Durchbruch ermöglichen sollten. Ein Wettlauf um immer stärkere Panzerungen und immer durchschlagskräftigere Geschütze begann – Panzer wie Tiger und Josef Stalin erschienen auf dem Schlachtfeld.

Dieser Wettlauf sollte nach dem Krieg weitergeführt werden. Die Sowjetunion entwickelte den Josef Stalin zum T-10 weiter. Dieses neue Modell zeigte trotz seines hohen Gewichts noch eine ausreichende Geländegängigkeit. Die Bewaffnung war den mittleren Panzern klar überlegen.

Getrieben durch diese Entwicklung sollten die USA 1950 nachziehen. Der bald eingeführte M103 entstand aus ähnlichen Überlegungen wie der T-10. Wie dieser hatte er eine enorm starke Panzerung (bis zu 250 mm). Der 60 Tonnen schwere Panzer trug eine 120-mm-Kanone, die ihm die Bekämpfung seines russischen Gegenparts auf große Entfernungen ermöglichen sollte.

Praktisch zeitgleich zogen auch die Engländer nach. Der Conqueror zeigte vergleichbare Eckpunkte, die Panzerung hatte eine identische Stärke,

Links: M103. Bild: John M. Wheatley – Rechts: T-10. Bild: Mike Kirby

die Bewaffnung bestand ebenfalls aus einem 120-mm-Geschütz. Während der T-10 durchaus mit Erfolg eingesetzt wurde, litten die westlichen Modelle aufgrund ihres hohen Gewichts an schwerwiegenden technischen Problemen, die nie behoben werden konnten. In den 1960ern sollten alle schweren Panzer schließlich zugunsten leichterer, vielseitigerer Panzer ausgemustert werden. Der Main Battle Tank (MBT) hatte sein Debut.

Panzerhaubitzen

84

Neue Waffensysteme zur Unterstützung

Nach dem Zweiten Weltkrieg sollten mehr Mittel in die Unterstützung der Panzereinheiten fließen. Dabei half der technische Fortschritt, die offensichtlichen Nachteile der frühen Artillerie-Selbstfahrlafetten auszugleichen. Spezialisierte Fahrgestelle verbesserten die Geländegängigkeit und erlaubten den Einbau von Haubitzen mit verbesserter Leistung.

Eine M109 A6 Paladin im Feuerkampf. Bild: U.S. Army

Die vielleicht wichtigste Innovation bestand in der Einführung eines vollständig geschlossenen Drehturms. Damit war die Besatzung wirksam gegen Beschuss aus leichten Waffen geschützt, auch konnte die Panzerhaubitze unter ABC-Bedingungen eingesetzt werden.

Die USA sollten 1963 die Panzerhaubitze M108 einführen. Diese trug im Drehturm eine 105-mm-Haubitze. Fast baugleich war die M109, die mit der stärkeren 155-mm-Haubitze ausgestattet war. Beide Waffensysteme sollten verschiedene Aufgabenbereiche abdecken.

In Russland entstanden kurze Zeit später zwei vergleichbare Panzerhaubitzen, die 2S1 Gvozdika (122 mm) sowie die 2S3 Akatzija (152 mm). Im Westen sollte die M109 stetig weiterentwickelt werden. Die wirksame Reichweite konnte durch den Einbau einer neuen 155-mm-Haubitze mit deutlich längerem Rohr (M109 A2) von 14,6 auf 18 Kilometer erhöht werden. Die M109 A6 und A7 wurden schließlich umfänglich überarbeitet, die neue Waffenanlage erreichte nun 30 Kilometer, bei Verwendung von M982 Excalibur-Geschossen werden sogar 50 Kilometer erreicht – und das mit einer bemerkenswerten Treffgenauigkeit von vier Metern vom Zielpunkt. Russland führte 1990 die 2S19 Msta ein, die vergleichbare Leistungen erreicht.

Die Panzerhaubitze 2000 im Einsatz in Afghanistan.

Bild: Bundeswehr

Zehn Jahre später lieferten Rheinmetall und Krauss-Maffei die Panzerhaubitze 2000 an die Bundeswehr und westliche Verbündete. Damit entstand das bis dato leistungsfähigste Artillerie-Waffensystem. Schon bei Verschuss konventioneller Munition können 30 bis 56 Kilometer erreicht werden, bei Nutzung der neuen Vulcano-Geschosse steigt die Reichweite auf 80 Kilometer bei höchster Treffgenauigkeit. Moderne Artillerie-Systeme konnten nicht nur in Bezug auf die Reichweite des Geschützes verbessert werden. Die Feuergeschwindigkeit stieg durch Nutzung von automatischen Ladesystemen. Satellitengestützte GPS-Systeme erlauben die Ermittlung des eigenen Standorts. Die Panzerhaubitze 2000 kann dank eines Feuerleit-Computers ohne externe Hilfe eine Feuerleitlösung errechnen. So ist die Abgabe von bis zu fünf Schüssen nacheinander möglich, die dank der Wahl unterschiedlich langer Flugbahnen zur selben Zeit im Zielgebiet einschlagen.

Ohne Turm in den Kampf

85

Und noch einmal Jagdpanzer?

Ein KaJaPa im Schlamm. Bild: Bundeswehr

In der Anfangszeit der Bundeswehr sollte ein Angriff des Ostblocks durch bewegliche Verteidigung aufgehalten werden. Neben Kampfpanzern gehörten Jagdpanzer zur geplanten Ausstattung. Ausgehend von den Erfahrungen des Zweiten Weltkriegs wurde ein turmloses Panzerfahrzeug entwickelt, das ein 90-mm-Geschütz in einer gepanzerten Kasematte trug. 1965 eingeführt, wurde der Jagdpanzer Kanone ähnlich wie die Sturmgeschütze und Jagdpanzer des letzten Krieges den Panzergrenadieren, Jägern und Gebirgsjägern zugewiesen. Die maximale Panzerstärke betrug nur 50 Millimeter, in Verbindung mit dem starken 500-PS-Dieselmotor war die Beweglichkeit des KaJaPa genannten Fahrzeugs sehr hoch.

Fast parallel sollte Schweden eine ähnliche Entwicklung einführen. Der Stridsvagn 103, oder kurz S-Tank, war dabei deutlich innovativer als die deutsche Lösung. Das Geschütz, eine deutlich leistungsfähigere 105-mm-Kanone, war fest im Panzeraufbau installiert. Die Einrichtung auf das Ziel erfolgte durch das Fahrzeug selbst, sowohl Fahrer als auch Kommandant konnten die Waffe einrichten und abfeuern. Seitliche Bewegungen wurden durch das kurze, sehr wendige Laufwerk ausgeführt, vertikale durch eine leistungsfähige Hydraulik, die die gesamte Wanne anhob oder absenkte. Ein drittes Besatzungsmitglied diente als Rückwärtsfahrer und Funker. Der S-Tank hatte eine Reihe schwerwiegender Nachteile, trotzdem sollte er erst 1997 durch eine Lizenzvariante des Leopard 2 ersetzt werden. Mit dem extravaganten schwedischen Stridsvagn 103 ging die Ära der Kasematt-Panzer zu Ende.

Technisch unzuverlässig, der S103. Bild: Doyle

Showdown mit Sgt. York!

Pleiten, Pech und Pannen 4

86

Auch in der jüngeren Vergangenheit lieferte die Industrie nicht unbedingt das, was sie versprach. Geld wurde zur Verfügung gestellt, und, wie sich des Öfteren erwies, verschwendet. In den 1970ern forderte die U.S. Army einen neuen FlaK-Panzer, um die gepanzerten Verbände vor der sich drastisch ändernden Bedrohungslage zu schützen. In einem nicht ganz koscheren Auswahlverfahren wurde das Produkt der Firma Ford Aerospace gegenüber dem objektiv besseren System von General Dynamics bevorzugt.

Um Kosten zu sparen, wählte Ford alte 40-mm-Bofors-Kanonen aus Army-Beständen, was keine gute Idee war. In Zwillingsbauweise angeordnet, sollten Kampf-Hubschrauber und tief fliegende Jets radargesteuert bekämpft werden.

Alte Waffe auf altem Fahrgestell – der M247 »Sergeant York«. Bild: U.S. Army

Die ersten Prototypen des M247 »Sergeant York« standen 1980 bereit. Schon in der Erprobungsphase häuften sich die Probleme. Ebenfalls aus Kostengründen war das System auf dem Fahrgestell des Kampfpanzers M48 montiert. Der alte Panzer war jedoch viel zu unbeweglich, um den modernen Kampfpanzern M1 »Abrams« und Schützenpanzern M2 »Bradley« auf dem Gefechtsfeld zuverlässig folgen zu können.

Der Turm drehte sich zu langsam, um schnell fliegenden Objekten zu folgen. In kaltem Wetter traten Ausfälle auf, die Hydraulik schwächelte regelmäßig. Das Radarsystem war zudem anfällig für elektronische Störmaßnahmen. Als bei Tests irrtümlich der sich bewegende Lüfter einer Latrine anvisiert wurde, hechteten sich alle Zuschauer in Deckung – für die Presse ein wahres Fest.

Trotz aller Probleme wurden 50 M247-Systeme hergestellt, bis auf eines endeten alle als Hartziele auf Übungsplätzen.

FlaRakPanzer

87

Flugabwehr-Raketen auf Ketten

Um schnell fliegende Ziele in mittleren und hohen Flughöhen wirksam bekämpfen zu können, wurden nach dem Krieg Lenkraketen entwickelt. Erste Lösungen waren durchaus wirksam, gleichzeitig aber sehr aufwendig. Gerade hochfliegende Ziele konnten mit großer Zielgenauigkeit bekämpft werden. Transport und Einsatz der schweren Waffensysteme waren mit hohen Kosten verbunden, zumeist dienten diese der Objektsicherung. Immerhin waren die Luftstreitkräfte zur Entwicklung neuer Flugzeuge gezwungen, die unterhalb des Wirkungsraumes dieser Raketen eingesetzt werden konnten. Damit begann die Entwicklung kleinerer Raketensysteme, die auch im Nahbereich bis 5.000 Meter wirksam waren.

Chaparral und Roland

Die USA führten um 1970 den MIM-72 Chaparral ein. Dieses Vollketten-Fahrzeug trug einen Vierfachstarter, der mit AIM-9D Sidewinder-Raketen bestückt war. Das Chaparral-Waffensystem sollte nur selten im Kampf verwendet werden, es wurde gegen Ende des 20. Jahrhunderts außer Dienst gestellt. Ursprünglich als Luft-Luft-Raketen eingeführt, sind die Flugköper selbst in verbesserter Form bis heute im Einsatz.

In den 1980er-Jahren verfügte die Bundeswehr über das Roland-System. Dieser Flugabwehr-Raketen-Panzer trug einen Doppelstarter in einem kleinen Turm auf dem Fahrgestell des Schützenpanzers Marder. In seiner leistungsstärksten Variante Roland-3 erreichte das System Reichweiten bis zu 8.000 Meter (bei max. 5.000 Metern Höhe).

Russland führte ungefähr zeitgleich ähnliche Systeme wie den Raketenkomplex 9K33 Osa ein. Da die Einsatzhöhe der im Erdkampf eingesetzten Flugzeuge weiter sank und die Bedrohung durch Kampfhubschrauber stieg, begann in den 1960ern die Einführung tragbarer Flugabwehr-Raketensysteme. Zumeist durch einen Infrarot-Suchkopf gelenkt, haben diese Projektile eine Reichweite von zwei bis fünf Kilometern, bis heute erweisen sich diese als sehr wirksam.

In den 1980ern sollten diese vergleichsweise wirtschaftlichen Raketenstarter vermehrt mir herkömmlichen Flugabwehrsystemen gekoppelt werden. Die Sowjetunion führte den 2K22 Tunguska ein, der FlaKpanzer trägt vier 30-mm-Maschinenkanonen und acht 9M311Boden-Luft-Flugkörper, eine bemerkenswerte hohe Feuerkraft. Verglichen mit diesem großen Gefechtsfahrzeug sollte die Bundeswehr 2001 Understatement betreiben. Mit dem Ozelot wurde ein sehr kleines, hochmobiles und luftverlastbares Kettenfahrzeug (auf Wiesel-2-Fahrgestell) geschaffen. Die Bewaffnung besteht aus einem Vierfachstarter mit FIM-92 Stinger Boden-Luft-Flugkörper.

Der MIM-72 Chaparral. Bild: U.S. Army

Der FlaRak-Panzer Roland. Bild: Bundeswehr

Ein Wiesel 2 Ozelot. Bild: Bundeswehr

Geht's noch besser?

Kampfwertsteigerungen

Kampfwertsteigerungen beschreiben einzelne oder mehrere technische Änderungen, die den Kampfwert eines vorhandenen Panzers verbessern sollen. Damit können Lebens- und Einsatzdauer eines eigentlich veralteten Modells verlängert werden. Dabei stehen sowohl wirtschaftliche wie auch technische Erwägungen im Vordergrund.

In Krisen- oder Kriegszeiten erfolgen Kampfwertsteigerungen oft aus der Not heraus. So sah sich Deutschland unter dem Eindruck des überlegenen Panzers T-34 im Jahr 1941 gezwungen, die wichtigsten Panzertypen PzKpfw IV und Sturmgeschütz in kürzester Zeit mit einem geeigneten, leistungsfähigen Geschütz auszustatten. Nach großmaßstäblicher Einführung der 7,5-cm-KwK 40 L/48 konnte die Lage auf dem Gefechtsfeld stabilisiert werden.

Werden Kampfwertsteigerungen in Friedenszeiten eingeführt, so gestalten sich Entwicklung und auch Fertigung deutlich einfacher. Der Leopard 1, der sich seit den 1960er-Jahren als Exportschlager erwiesen hatte, sollte während seiner langen Dienstzeit von fast 40 Jahren mehrfach durch Nachrüstungen verbessert werden. Das umfasste unter anderem eine Verstärkung der Panzerung, Nachtsichtgeräte und eine optimierte Waffenstabilisierung. Auch der russische T-55, nach dem Zweiten Weltkrieg eingeführt, sollte mehrfach verbessert werden. So ist dieser in seiner aktuellen Konfiguration in der Lage, Lenkflugkörper durch das Rohr seiner 100-mm-Kanone zu verschießen.

Israel hat sich unter dem Eindruck diverser existenzbedrohender Kriege als besonders einfallsreich erwiesen. Für die Armee wurden viele amerikanische M48 und M60 eingeführt. Diese robusten Panzer wurden regelmäßigen Kampfwertsteigerungen unterzogen. Dazu gehörte unter anderem die Verbesserung des Panzerschutzes durch Anbau einer reaktiven Zusatzpanzerung. Weiter wurden Motoren und Ketten ersetzt, um den besonderen klimatischen Herausforderungen zu entsprechen. Auch das Feuerleitsystem wurde mehrfach optimiert.

Leopard 1 A4 mit dem neuen, eckigen Turm. Bild: Bundeswehr

Puma & Konsorten

Der moderne Schützenpanzer

89

Die Entwicklung der Infanterie-Kampffahrzeuge sollte von allen Nationen weitergeführt werden. Aus zunächst einfachen Lösungen wurden hochkomplexe Waffensysteme. Zu den zurzeit wohl leistungsfähigsten Systemen gehört der deutsche Schützenpanzer Puma. Im Vergleich zu seinem Urahn, dem SdKfz 251, stieg das Gefechtsgewicht von sieben Tonnen auf mehr als 30 Tonnen, mit voll angebrachten Schutzsystemen sogar auf über 40 Tonnen.

Die Ansprüche an die Fahrzeuge sind stetig gewachsen, moderne Schützenpanzer entsprechen bezüglich ihrer Feuerkraft oft eher Panzern. Nahezu alle grundlegenden Parameter sollten optimiert werden. Die Beweglichkeit wurde weiter verbessert, um auch den Kampfpanzern der neuesten Generation in allen Gefechtslagen sicher folgen zu können.

Der deutsche Puma

Die Bewaffnung dieser Fahrzeuge besteht zumeist aus Maschinenkanonen mit einem Kaliber zwischen 20 und 40 Millimetern. Der deut-

Der amerikanische M2A3 Bradley ist ein moderner Schützenpanzer … Bild: U.S. Army

… aber der Puma, hier ein Fahrzeug der 1. Serie, ist moderner. Bild: Bundeswehr

sche Puma trägt in seinem Turm eine 30-mm-Waffe sowie ein leichtes Maschinengewehr MG 4. Zusätzlich befindet sich links am Turm ein Doppelstarter für Spike-Lenkflugkörper, die sowohl zur Abwehr von Panzern als auch von Hubschraubern eingesetzt werden können. Der Turm samt Bewaffnung ist fernlenkbar ausgelegt, Kommandant und Richtschütze sitzen sicher in der Wanne. Weiter verfügt der Schützenpanzer über eine Sprengkörper-Wurfanlage, die das Fahrzeug im Nahbereich schützen kann. Im hinteren Teil ist Platz für einen Schützentrupp von sechs Mann, der abgesetzt eigene Kampfaufträge erfüllen kann.

Die Panzerung ist modular aufgebaut. In der Schutzstufe A ist frontal der Schutz gegen Beschuss aus 30-mm-Waffen gewährleistet, seitlich gegen leichte Infanteriewaffen und Artilleriesplitter. Die Panzerung kann durch den Anbau von reaktiven Elementen verstärkt werden, besonders an den Seiten und am Turm.

Damit gehört der Puma zu den leistungsfähigsten Schützenpanzern. Sein Panzerschutz ist wegweisend, die Beweglichkeit immer noch außergewöhnlich hoch. Es steht zu erwarten, dass die Entwicklung dieses Modells weitergehen wird.

Fluch der Hohlladung

Mit Wucht durch den Panzer

90

Ende 1941 führte das Deutsche Reich eine neue Munition ein, um die schwer gepanzerten russischen T-34 und KW erfolgreich bekämpfen zu können: Hohlladungsgeschosse. Hohlladungen fokussieren die kinetische Energie ihrer Sprengladung auf eine sehr kleine Auftrefffläche. Dadurch entsteht ein Partikelstrahl, der auch starke Panzerungen durchschlagen kann. Dank dieser Technologie konnte 1941 auch die Wirkung von Geschützen mit geringer Anfangsgeschwindigkeit stark verbessert werden. Im Verlauf des Krieges entstanden mit Panzerfaust und Panzerschreck auch die ersten wirksamen tragbaren Panzerabwehrwaffen.

Weiterentwicklung nach 1945

Die Wirkung der Hohlladung wurde in der Nachkriegszeit stark gesteigert. So konnte die 1963 eingeführte russische Panzerabwehrrakete 9M14 Malyutka Panzerungen mit einer Stärke von bis zu 200 Millimetern durchschlagen. Um Panzer vor dieser Bedrohung zu schützen, müsste deren Panzerschutz wenigstens an der Front enorm gesteigert werden. Eine derartige Verstärkung würde zu einem starken Gefechtszuwachs führen, was eine Beeinträchtigung der Beweglichkeit des Panzers nach sich ziehen würde. War das Ende des Kampfpanzers gekommen?

In den 1950ern begannen Versuche, die in die Einführung von Verbundpanzerungen mündeten. Seit langem waren die Vorteile anderer Materialien bekannt. So zeigen keramische Werkstoffe eine

Die Panzerabwehr-Lenkrakete Cobra.

Bild: Doyle

Der T-72 B mit seiner verstärkten Turmpanzerung wurde von den Amerikanern »Super Dolly Parton« genannt (wer die Dame kennt, weiß warum). Bild: Thomas Anderson

deutlich höhere Festigkeit und Temperaturbeständigkeit als Stahl. Verbundpanzerung wurde in erster Linie im Bereich der Wannen- und Turmfront verwendet. Unter einer verhältnismäßig dünnen konventionellen Panzerung sind weitere schräg gestellte parallel verlaufende Metallplatten montiert. Zwischen diesen Elementen ist der Verbundwerkstoff eingelagert, Keramik oder Glas, oft in Form von kleinen Kugeln oder Pulver.

England und die Sowjetunion sollten diese Technologie im Challenger und im T-64 als erste erfolgreich umsetzen. Die britische Chobham-Panzerung wurde leicht modifiziert auch im Leopard 2 und im M1 Abrams verwendet. Trotz deutlich geringeren Gewichts kann das Schutzniveau so deutlich verstärkt werden. Die Wirkung von Hohlladungen wird abgemildert, Wuchtgeschosse werden zertrümmert.

91 ERA

Gegenexplosion!

Parallel zur Entwicklung immer leistungsfähigerer Panzerabwehrwaffen stieg das Schutzniveau der Panzer stetig an. Das wiederum führte zum Bau besserer Waffen. In den 1960er-Jahren zeichnete sich ein Wettrennen ab, der Panzer drohte dieses zu verlieren. Auch unter Nutzung ausgefeilter Technologien war abzusehen, dass die reine Verstärkung der Panzerung zu einem stetigen Anstieg des Gefechtsgewichts führen würde, bis hin zu einen nicht mehr tragbaren Maße.

Diese Entwicklung wurde besonders durch tragbare Waffen wie Panzerfäuste und Lenkraketen gefördert, die sämtlich das so wirksame Hohlladungsprinzip nutzen.

Kacheln zur Sicherheit

Israel sollte in den 1970ern eine neue Technologie entwickeln – ERA (explosive reactive armour). Diese »explosive Reaktivpanzerung« besteht aus einer Vielzahl von Kacheln, die außen an der Grundpanzerung

Der M60 A1 Magach 6 ist ein gutes Beispiel für einen mit ERA-Kacheln nachgerüsteten Panzer. Bild: Buvoed

Auch moderne Schützenpanzer wie dieser M2A3 Bradley werden durch ERA-Kacheln geschützt. Bild: U.S. Air Force

montiert werden. Die Kacheln sind nicht viel mehr als zwei Metallplatten, zwischen denen Sprengstoff gelagert ist. Trifft ein gegnerisches Projektil auf diese Kachel, so detoniert diese Ladung. Der Partikelstrahl einer Hohlladung kann so effektiv unterbrochen werden. Treffen Panzerwuchtgeschosse auf, so kann auch die Effektivität dieser Projektile beeinträchtigt werden.

Nach dem Erfolg der israelischen Reaktivpanzerung sollte auch die Sowjetunion Reaktivpanzerungen einführen. Diese schützen Bug und Seiten, und in gewissem Umfang auch das Dach von Wanne und Turm.

Weiterentwicklung

Im Laufe der Zeit wurden diese reaktiven Schutzmechanismen weiterentwickelt. In seiner neuesten Konfiguration (Relikt ERA) entspricht das Schutzniveau des russischen T-90M dem von 1,9 Metern Panzerstahl (bei Beschuss aus Hohlladungswaffen).

Ein großer Vorteil der Reaktivpanzerung liegt in der vergleichsweise einfachen Montage, ERA kann bei einer Vielzahl von Gefechtsfahrzeugen leicht nachgerüstet werden.

Pimp my rocket

92 Panzerabwehr-Lenkraketen im Einsatz

Hohlladungswaffen hatten sich als wirksame Waffe zur Bekämpfung von Panzern erwiesen. Die verhältnismäßig kurze Reichweite dieser Projektile und deren schlechte Treffergenauigkeit waren jedoch von Nachteil.

Daher lag es nahe, diese Technik in größere Flugkörper einzubauen, die während der Flugdauer lenkbar blieben. Deutschland entwickelte 1944 mit der Ruhrstahl X-7 eine erste funktionsfähige Lösung. Nach dem Krieg sollten diese Waffen weite Verbreitung finden. Diese recht einfachen Raketen waren drahtgelenkt. Die Bedienung durch einen Joystick war schwierig und erforderte große Geschicklichkeit.

Diese passiven Lenksysteme konnten bald durch technisch anspruchsvollere halbaktive Systeme ersetzt bzw. ergänzt werden. Nun musste der

Kleiner Panzer, große Rakete. Der Waffenträger Wiesel trägt das Waffensystem TOW (Tube launched optically tracked wire command-link guided missile). Bild: Bundeswehr

Der britische Ferret, mit Swingfire bewaffnet. Bild: Doyle

Schütze sein Ziel nur noch anvisieren, das Projektil erhielt seine Lenkimpulse automatisch durch den Draht. Eine weitere Verbesserung bestand in der Nutzung eines Laserstrahls, der dem Projektil als Hilfe zur selbsttätigen Steuerung diente.

Der nächste Schritt waren aktive Lenksysteme. Der Schütze musste das Ziel nur noch auswählen, die Sensoren des Gefechtskopfs steuerten dieses selbständig an. Diese auch fire-and-forget genannte Technik erlaubte es dem Schützen, die Waffen aus Deckungen oder entfernten Feuerstellungen abzufeuern.

Es ist sicher nur eine Frage der Zeit, bis diese Systeme durch künstliche Intelligenz ihre Ziele selbsttätig auswählen und treffen können.

Alle diese Panzerabwehr-Lenkraketen wurden und werden auf eine Vielzahl von Fahrgestellen montiert. Ein sehr gutes Beispiel ist der deutsche Raketenjagdpanzer Jaguar, andere Lösungen nutzen Radfahrzeuge oder sind als zusätzliche Waffe an Schützenpanzern wie dem M2 Bradley montiert.

Der Jaguar 1 mit Waffensystem des Typs HOT (Haut subsonique optiquement téléguidé). Bild: Bundeswehr

Flotte Flitzer

93

Wieselflink ins Gefecht

1990 führte die Bundeswehr mit dem Wiesel ein bemerkenswertes gepanzertes Fahrzeug ein, den Wiesel.

Der Forderungskatalog für dieses Kettenfahrzeug war umfangreich. Der Wiesel sollte vorrangig als leichter Panzer von den Fallschirmjägern verwendet werden. Damit war die Luftverlastbarkeit durch den Standard-Transporthubschrauber CH-53G eine Grundvoraussetzung. Die Bewaffnung sollte zunächst aus einer 20-mm-Maschinenkanone bestehen. Dabei wurde von Beginn an eine mögliche Umrüstung auf ein stärkeres Kaliber sowie auf die Panzerabwehr-Lenkrakete TOW 2 gefordert.

Das kleine Fahrzeug wurde durch einen 87 PS starken Audi-Fünf-Zylinder-Diesel angetrieben. Dank des geringen Gewichts von etwa drei Tonnen ist das Leistungsgewicht hervorragend. Das Fahrwerk ist in Leichtbauweise gefertigt, je nach Verwendungszweck hat es drei, vier oder fünf Laufrollen.

Der Wiesel ist durch Hubschrauber luftverlastbar. Bild: Bundeswehr

Viel Platz bietet der kleine Panzer nicht. Bild: Bundeswehr

Die Kette war zunächst als Endlos-Gummikette ausgelegt. Später sollte eine robustere herkömmliche Endverbinder-Kette eingeführt werden. Die Höchstgeschwindigkeit wird mit über 70 km/h angegeben, Beschleunigung und Geländegängigkeit sind hervorragend.

Aufgrund der guten Erfahrungen sollte das vielseitige Fahrzeug auch an Jäger (leichte Infanterie) und Gebirgsjäger geliefert werden.

Neue Version

Ende der 1990er-Jahre wurde der Wiesel überarbeitet. Leicht verlängert um eine bzw. zwei Laufrollen, dient der Wiesel 2 nun als Trägerfahrzeug für eine Vielzahl von Waffen, darunter FlaRak-Systeme und der 120-mm-Mörser. Auch Gefechtsfeld-Führungsfahrzeuge und ein Sanitätsfahrzeug wurden eingeführt.

Obwohl der Wiesel auch in Zukunft bis über 2030 im Dienst bleiben wird, läuft die Entwicklung eines neuen kleinen Flitzers. Der »Luftbewegliche Waffenträger« wird ein gesplittetes Laufwerk mit vier Ketten haben, die diesel-elektrisch angetrieben werden.

Rakete im Rohr?

Mal was anderes verschießen

94

Die Bewaffnung der meisten Kampfpanzer besteht auch heute noch aus Geschützen, die patronierte Granaten verfeuern. Die Wirksamkeit dieser Waffen konnte im Laufe der Jahrzehnte immer weiter gesteigert werden. Die Reichweite dieser Bordkanonen ist naturgemäß begrenzt, die Trefferwahrscheinlichkeit nimmt mit zunehmender Entfernung ab.

Um auch auf höhere Entfernungen erfolgreich wirken zu können, begannen in den Zeiten des kalten Krieges Arbeiten an neuen lenkwaffenfähigen Systemen. Diese Waffen hätten das Potenzial, auch auf weitere Entfernungen zu wirken und je nach System auch aus Deckungen abgefeuert werden zu können.

Nur noch in Russland

Die USA entwickelten ab 1960 das 152-mm-Shillelagh-Geschütz, das neben normaler Munition auch einen Lenkflugkörper verschießen konnte. Dank seiner hohen Treffsicherheit war diese Waffe prädestiniert für Panzerjäger, der fehlende Rückstoß erlaubte auch den Einbau in leichte Panzer. Das Shillelagh-System wurde in zwei Panzern, dem M551 Sheridan und dem M60A2, eingebaut. Rakete und Kanone erwiesen sich jedoch als derart unzuverlässig, dass beide Panzer schnell außer Dienst gestellt wurden.

Russland sollte parallel an eigenen Systemen arbeiten. Anscheinend konnten die technischen Probleme gelöst werden. So steht heute praktisch für alle seit 1945 eingeführten russischen Kampfpanzer eine Lenkwaffe zur Verfügung. Je nach Ausführung besteht der Gefechtskopf aus einer Tandem-Hohlladung oder einer hochexplosiven Sprengladung. Die Waffe kann gegen Erdziele und tieffliegende Hubschrauber eingesetzt werden. Die modernste Variante (9K119 Refleks) hat eine Reichweite von bis zu 5.000 Metern.

Im Westen wurden bis dato keine rohrverschießbaren Flugkörper mehr eingeführt.

Der M551 beim Abfeuern eines Shillelagh-Flugkörpers. Das System sollte sich nicht den Erwartungen entsprechend bewähren. Bild: U.S. Army

Kampfroboter?

Ferngelenkte Panzer

95

Ein moderner Panzer wird in der Regel von einer Besatzung von drei bis vier Soldaten bedient, bestehend aus dem Kommandanten, dem Fahrer, dem Richtschützen und gegebenenfalls einem Ladeschützen. Sie arbeiten eng zusammen, um den Panzer effektiv einzusetzen und ihre Missionen erfolgreich auszuführen. Jedes Besatzungsmitglied hat eine wichtige Rolle bei der Bedienung und dem Schutz ihres Waffensystems. Soweit, so gut! Eine Besatzung benötigt jedoch Platz im Fahrzeug. Dieser Platz beeinflusst Größe und Gewicht, Parameter, die Konstrukteure im Allgemeinen möglichst klein halten wollen. Diese Problematik wirft grundsätzliche Fragen auf. Ist ein Panzer ohne Besatzung denkbar? Im Zweiten Weltkrieg sollte Deutschland in größerem Maßstab draht- oder funkgelenkte Fahrzeuge einsetzen, um Minensperren durch absetzbare Sprengsätze zu zerstören. Beschränkt durch den damaligen Stand der Technik, waren diese Bemühungen nicht sonderlich erfolgreich.

Der drahtgelenkte Kleinpanzer Goliath im Einsatz. Das Ziel im Hintergrund ist ein SU-85 Panzerjäger. Bild: Sammlung Thomas Anderson

Der Uran-9 ist ein Kampfroboter russischer Herkunft. Die Bewaffnung besteht aus einer 30-mm-Maschinenkanone sowie Lenkraketen. Bild: Netrebenko

In der Neuzeit kommt dem Einsatz von Panzer-Drohnen neue Bedeutung zu. Alle maßgeblichen Waffenhersteller arbeiten an ferngelenkten oder autonom agierenden Waffensystem. Es kann als sicher gelten, dass die technischen Probleme in naher Zukunft behoben werden.

Die Vorteile liegen auf der Hand. Im Einsatz ergäben sich keine menschlichen Verluste, auch risikoreiche Missionen könnten durchgeführt werden. Könnte das System präziser arbeiten, wenn es ferngelenkt würde? Oder wenn es gar autonom durch Computer bzw. künstliche Intelligenz gesteuert würde?

Menschliche Fehler und Kommunikationsprobleme zwischen den Insassen wären ausgeschlossen, oder könnten minimiert werden. Der Einsatz des Panzers kann flexibler erfolgen, da auf die Belange einer menschlichen Besatzung keine Rücksicht genommen werden muss. Bei Verzicht auf eine Besatzung kann das Fahrzeug deutlich kleiner ausgelegt werden, mit allen positiven Auswirkungen auf Beweglichkeit und Panzerschutz.

Es ergeben sich jedoch schwerwiegende ethische Probleme. Wird das Waffensystem durch eine KI gelenkt, wo bleiben da menschliche Moral oder Gesetze? Es bleibt spannend …

Ein Turm ohne Besatzung?

Panzer des 21. Jahrhunderts

96

Russland, und davor die Sowjetunion, hat sich in der Geschichte des Panzers immer als außerordentlich innovativ gezeigt. Die berühmten T-34 und KW des Zweiten Weltkriegs waren die ersten Panzer, die durch einen wirtschaftlichen und drehmomentstarken Dieselmotor angetrieben wurden. Auch war die Formgebung des T-34 geradezu revolutionär.

Mit dem T-62 sollte die erste Glattrohrkanone eingeführt werden, diese neue Waffe setzte Maßstäbe hinsichtlich Mündungsgeschwindigkeit und Durchschlagskraft. Ähnlich überraschend für den Westen wurden beim T-64 und T-72 erstmals Ladeautomaten eingeführt. Damit wurde die Besatzung von vier auf drei Mann reduziert. Das sparte wertvollen Platz, der Panzer konnte kleiner und leichter gehalten werden.

2015 erreichte die russische Rüstungsindustrie mit dem T-14 Armata einen weiteren Quantensprung. Westliche Beobachter der jährlichen Sieges-Show erlebten in Moskau einen neuen Panzer von ungewöhnlicher Auslegung. Die Waffenanlage, die bekannte 125-mm-Glattrohr-Kanone aller zeitgenössischen russischen Panzertypen, wurde in einem besatzungslosen Turm eingebaut. Die Waffe hat bekanntermaßen einen Ladeautomaten.

Die Drei-Mann-Besatzung – Kommandant, Richtschütze und Fahrer – sind vor dem Turm in der Wanne untergebracht. Ihr Kampfraum gleicht einer gut gepanzerten Kapsel. Hauptwaffe und Maschinengewehr können vom Innern dieser Kapsel aus ferngelenkt werden.

Die Vorteile liegen auf der Hand. Die Besatzung genießt einen deutlich verbesserten Schutz und kann so, anders als im

T-72 oder T-90, Volltreffer überleben. Auch die Qualität der Panzerung konnte verbessert werden. Mit 55 Tonnen ist der T-14 trotz schwerer Panzerung immer noch über zehn Tonnen leichter als die modernsten Varianten des Leopard 2 oder M1-A1 Abrams.

Der T-14 konnte nicht in der zunächst angekündigten Menge eingeführt werden, auch der Zeitplan wurde nicht eingehalten. Offenbar ergaben sich im Truppenversuch technische Probleme. Statt der ursprünglich geplanten 2.200 Panzer stehen zurzeit wohl nur etwa 50 im Einsatz.

In der Zwischenzeit werden die westlichen Staaten mit großer Sicherheit passende Gegenmaßnahmen finden. Eines scheint jedoch sicher, wie Dieselmotor und Glattrohrkanone wird sich der menschenleere Turm beim Panzer der Zukunft durchsetzen.

Anmerkung: Viele der oben genannten technischen Neuerungen waren zeitgleich oder gar früher auch in anderen Nationen entwickelt worden. Russland zeichnete sich jedoch dadurch aus, diese Innovationen in Großserie zu fertigen.

Ein T-14 Armata während einer Waffenschau. Im aktiven Dienst an der Ukraine-Front steht der Panzer noch nicht, vermutlich aufgrund technischer Probleme.
Bild: Ogorodnikow

Die weichen Faktoren …

… machen oft den Unterschied

97

Die »harten« Faktoren eines Panzers, seine taktisch-technischen Daten, sind während eines Gefechts nicht notwendigerweise ausschlaggebend. Ein Panzer, auch ein Leopard 2A7, ist zunächst nicht viel mehr als ein Stück Eisen. Sicherlich ein teures Stück Eisen, wird dieses technische Meisterwerk erst durch seine Besatzung zum Leben erweckt. Diese Besatzung muss gut geschult sein und körperlich belastbar. Es ist dabei vorteilhaft, wenn diese Ausbildung auch die Aufgaben der anderen Besatzungsmitglieder umfasst.

Führungsaufgabe

Die Einbindung in die jeweilige militärische Führungsstruktur ist ein großes Problem. Der Kommandant des Panzers muss als Unterführer Führungsqualitäten haben. Er sollte in der Lage sein, die ihm gegebenen Aufgaben selbstständig zu erfüllen. Dabei hat sich die Auftragstaktik, ein bereits von deutschen Streitkräften des Zweiten Weltkriegs angewandter Führungsstil, als sehr effektiv erwiesen. Die Kampfaufträge werden dem Unterführer nicht »von oben herab« und in kleinsten Details erteilt, unter Umgehung der Hierarchie soll dieser das befohlene Ziel mit eigenen Mitteln und Ideen anstreben und erreichen.

Die Leitung der Operation durch höhere Offiziere soll von vorne erfolgen (Führung von vorne). Im Zweiten Weltkrieg waren besonders auf deutscher Seite Heerführer wie Rommel, aber auch Kompaniechefs und Abteilungskommandeure an der Seite ihrer Soldaten. So konnten diese in jeder Phase des Gefechts direkt eingreifen, und boten auch in schwierigen Lagen gleichzeitig Vorbild und Motivation.

Kommunikation und Nachschub

Die Bedeutung der Ausstattung der Panzer mit stabilen Kommunikationsmitteln wurde ebenfalls früh erkannt. Wurde zunächst mit Fahne und Rauchzeichen geführt, setzte sich bald das Funkgerät durch. Die frühen Erfolge der deutschen Wehrmacht waren zum Teil darauf zurückzuführen. Weiter ist der Erfolg der Panzer abhängig vom Nachschub, der Instandsetzungsdienste und auch der Unterstützung durch Artillerie und Flieger. Erst wenn alle in dieser arg verkürzten Darstellung aufgeführten Faktoren ineinander greifen, wird der Einsatz eines Panzers erfolgreich sein.

Kampfpanzer der Zukunft

98

Die Zukunft beginnt jetzt

Seit den 1920er-Jahren hat sich das noch heute gültige Bild des Panzers geformt. Seine Blütezeit hatte er zweifellos im Zweiten Weltkrieg und in den diversen Konflikten im Nahen Osten. Panzer zeigten Kampfkraft und Durchsetzungsvermögen. Technisch konnte dieses so erfolgreiche Waffensystem stetig weiterentwickelt werden. Kann das so weiter gehen? Und wie genau wird der Panzer der Zukunft aussehen?

Die Wirksamkeit der Bewaffnung wird weiter steigen, Ladeautomatiken sich durchsetzen. Dazu werden effektive Sekundärsysteme wie Maschinenkanonen und Abstandswaffen Einzug halten. Moderne Konzepte wie Rheinmetalls KF51 Panther werden sogar Drohnen mitführen, die verschiedenste Aufgaben erfüllen können.

Zur weiteren Steigerung der Beweglichkeit werden energieeffizientere Antriebssysteme wie zum Beispiel Hybrid- oder vollelektrische Antriebe eingeführt werden. Der Diesel wird jedoch ganz sicher bleiben.

Der Prototyp des KF51 von Rheinmetall ist eine Antwort auf den russischen T-14 Armata. Die neue 130-mm-Kanone machte den Einbau eines Ladeautomaten nötig. Bild: Rheinmetall

Neue Materialien und Konstruktionstechniken führen zu einer höheren Widerstandsfähigkeit gegenüber ballistischen Waffen. Aktive Schutzsysteme, wie zum Beispiel Raketenabwehrsysteme, könnten ebenfalls in den Kampfpanzer integriert werden, um feindliche Geschosse abzufangen oder abzulenken.

Die Wirksamkeit von Kampfpanzern wird durch fortschrittliche autonome Systeme gesteigert, diese Techniken können Zielerfassung und Feuerkontrolle, die Navigation und sogar die Steuerung im Gelände verbessern.

Weiter werden Kampfpanzer über fortschrittliche elektronische Kampfführungssysteme verfügen, um Kommunikation und Sensorik des Gegners zu stören. Das könnte den Panzern einen taktischen Vorteil verschaffen, indem sie die Fähigkeit des Gegners zur Koordination und Zielerfassung beeinträchtigen.

Fortschrittliche Sensoren, wie hochauflösende Kameras, Radar- und Infrarotsensoren, machen es möglich, Bedrohungen frühzeitig zu erkennen und zu bekämpfen.

Der Panzer der Zukunft wird voraussichtlich stark vernetzt sein, um Informationen mit anderen Einheiten und Kommandozentralen teilen zu können. Die Geschichte des Panzers ist noch lange nicht vorbei …

Panzerparade

99

Protz und Propaganda

Staaten und Streitkräfte nutzten schon immer die psychologische Wirkung der Panzer, um die Bevölkerung zu beeinflussen. Das funktioniert noch heute, dieselbe Wirkung ließ bereits 1916 deutsche Soldaten in Panik fliehen. Panzer üben auf Militärparaden eine starke psychologische Wirkung auf alle Akteure aus. Für das eigene Militär symbolisieren Panzer Bestätigung und Überlegenheit. Die massiven Fahrzeuge können ein Gefühl der Unbesiegbarkeit erzeugen und demonstrieren damit militärische Stärke. Dies hebt das Selbstbewusstsein der Streitkräfte und vermittelt ein Gefühl von Sicherheit und Abschreckung gegenüber potenziellen Gegnern.

Darüber hinaus kann die Sichtung von Panzern bei Militärparaden auch politische Botschaften transportieren. Sie können als Machtdemonstration oder als Zeichen für territoriale Ansprüche interpretiert werden. In einigen Fällen können sie auch als provokativ oder einschüchternd wahrgenommen werden und zu Spannungen zwischen verschiedenen Ländern oder politischen Gruppierungen führen.

1916. Die US-Bevölkerung wird auf den Kriegseintritt vorbereitet. Bild: Library of Congress

Auf der anderen Seite kann die Sichtung von Panzern bei Militärparaden bei der Zivilbevölkerung und internationalen Beobachtern verschiedene psychologische Reaktionen hervorrufen. Einige Menschen können ein Gefühl der Angst oder Bedrohung entwickeln, da Panzer als Symbole für Krieg und Gewalt wahrgenommen werden. Die Präsenz von Panzern kann Erinnerungen an vergangene Konflikte wachrufen und Unsicherheit hervorrufen. Dabei gilt wohl eine einfache Wahrheit, je autokratischer ein Land regiert wird, desto bombastischer sind die Militärparaden. Russland ist hier ein gutes, aber unrühmliches Beispiel.

Gegenüberliegende Seite: Bedrohlicher Anblick. Der 2022 erstmals gezeigte KF51 Panther setzt neue Maßstäbe. Bild: Rheinmetall

Panzer im Museum

Bovington und Munster

100

Die über 100 Jahre währende Entwicklung des Waffensystems Panzer ist unbestritten eine interessante Geschichte. Ausgediente Panzer wurden vermutlich schon immer von Lehreinrichtungen der Streitkräfte gesammelt, und damit für die Nachwelt erhalten. 1947 wurde mit dem Panzer-Museum Bovington in England vermutlich das erste seiner Art eröffnet. Damit wurden viele historische Exponate erstmalig der Öffentlichkeit präsentiert.

Panzer-Museen haben eine große Bedeutung für die Aufrechterhaltung des historischen technischen Erbes. Sie dienen als lebendige Archive, die es den Menschen ermöglichen, die Geschichte der Panzerfahrzeuge zu erforschen und zu verstehen. Sie dokumentieren die technologischen Fortschritte, die im Laufe der Jahrzehnte gemacht wurden, und vermitteln ein Verständnis für die strategische Bedeutung von Panzern in der Kriegsführung.

Pädagogische Arbeit

Durch die Präsentation einer Vielzahl von Fahrzeugen aus verschiedenen Epochen ermöglichen diese Museen den Besuchern, die Entwicklung und den Wandel der Panzerdesigns zu verfolgen.

Zweitens spielen Panzer-Museen eine wichtige Rolle bei der Erinnerung an die furchtbaren Kriege der Vergangenheit und der Würdigung derjenigen, die in Panzern gekämpft haben. Durch die Ausstellung von Panzern und ihre begleitenden Ausstellungsstücke ermöglichen diese Museen den Besuchern, eine Verbindung zu den Menschen herzustellen, die oft genug ihr Leben lassen mussten. Sie schaffen somit einen Raum, der dazu beiträgt, die Opfer und den Einsatz der Soldaten zu ehren, aber auch zu hinterfragen.

Darüber können Panzer-Museen auch Orte des Lernens und der Bildung sein. Führungen und Bildungsprogramme können es den Besuchern ermöglichen, ihr Wissen über Geschichte und Technologie zu erweitern. Insbesondere für junge Menschen sind diese Museen von unschätzbarem Wert, um ein Bewusstsein für die Vergangenheit zu schaffen und ihnen die Bedeutung des Friedens nahezubringen.

70 Jahre Panzerentwicklung. Das Panzermuseum Munster präsentiert den Nachbau des ersten deutschen Panzers A7V, daneben ein Urenkel, der Leopard 2. Bild: Thomas Anderson

Ein letztes Wort

101

Eine launige Reise durch die Zeit

Liebe Leserinnen und Leser,

herzlichen Glückwunsch! Ihr Durchhaltevermögen hat sich gelohnt, Sie lesen nun das Ende einer spannenden Reise durch die Entwicklungsgeschichte der Panzer. Eine Geschichte voller schwerfälliger Stahlmonster und hochtechnisierter Wunderwaffen – Sie haben hoffentlich viel Neues kennengelernt!

Wer hätte gedacht, dass die Idee, gepanzerte Fahrzeuge zu entwickeln, die Art der Kriegsführung für immer verändern würde? Die eiserne Bestie namens »Panzer« hat in den vergangenen Jahrzehnten die Schlachtfelder beherrscht und fasziniert bis heute Generationen von Historikern, Militär- und Technikfreaks gleichermaßen.

Während Sie sich durch die Seiten dieses Buches gewühlt haben, sind Sie Zeugen dieser atemberaubenden Entwicklung geworden – von den frühesten Entwicklungen im Ersten Weltkrieg hin zu den Hochleistungsmaschinen der modernen Zeit.

Die Geschichte des Panzers, wie wir ihn heute kennen, ist ein Produkt des Wettbewerbs zwischen Nationen, Visionären und Ingenieuren. Einige Ideen wurden verworfen, während andere die Kriege der Welt nachhaltig beeinflussten. Und so zeigt uns diese faszinierende Chronik nicht nur die Evolution einer Maschine, sondern auch die Kraft des menschlichen Erfindungsreichtums und die Fähigkeit, Hindernisse zu überwinden.

Doch bei aller Begeisterung dürfen wir nicht vergessen, dass der Panzer vornehmlich ein Instrument des Krieges ist. Auch wenn wir uns von den technischen Raffinessen und Innovationen mitreißen lassen, sollten wir stets daran denken, dass hinter jeder Stahlplatte und jedem Geschützturm eine Geschichte von Mut, Hingabe und Verlust steht. Der Panzer war und ist eine totbringende Waffe – es liegt an uns, ihn verantwortungsvoll zu nutzen.

Der Autor hat versucht, die trockenen Fakten mit einer Prise Humor und einem Hauch von Abenteuer zu würzen. Ich hoffe, ich konnte Sie auf dieser Zeitreise durch Stahl, Schlamm und Staub gut unterhalten.

Doch die Welt steht nicht still, und wer weiß, welche Herausforderungen diesem Waffensystem in der Zukunft noch bevorstehen? Die Geschichte des Panzers wird weitergehen!

Zal hij er komen? Den soldaten en constructeurs zweeft een pantserwagen voor oogen, die bij gelijkblijvenden uiterlijken omvang de uiterste grens van het technisch mogelijke bereikt en aan alle militaire wetten voldoet. De hoogste doelmatigheid roept bekoorlijke vormen in het leven

So stellten sich einige Niederländer 1942 die fiktiven deutschen Panzer IX und X vor.

Bild: Sammlung Thomas Anderson

→

„Nadere gegevens ontbreken nog" Deze nieuwe ontwerpen van pantserwagens zien er bijna uit als een schip te lande. Rondingen en schuine lijnen dienen om eventueele gra-

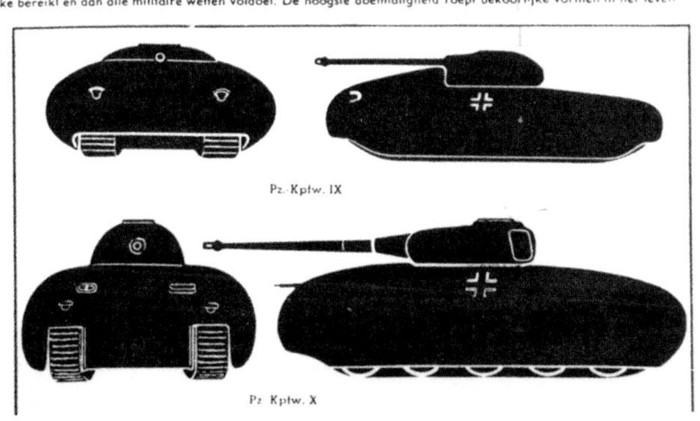

Impressum

Verantwortlich: Jerome P. Schäfer
Umschlag: GM
Layout: Azurmedia, Augsburg

Repro: LUDWIG:media
Herstellung: Julia Hegele
Printed in Poland by CGS Printing

Sind Sie mit diesem Titel zufrieden? Dann würden wir uns über Ihre Weiterempfehlung freuen. Erzählen Sie es im Freundeskreis, berichten Sie Ihrem Buchhändler oder bewerten Sie bei Ihrem nächsten Onlinekauf. Und wenn Sie Kritik, Korrekturen oder Aktualisierungen haben, freuen wir uns über Ihre Nachricht an GeraMond Media, Postfach 40 02 09, D-80702 München oder per E-Mail an lektorat@verlagshaus.de.

Unser komplettes Programm finden Sie unter 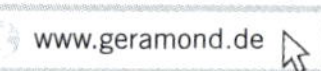

Bildnachweis Umschlag: Sammlung Thomas Anderson

In diesem Buch wird aus Gründen der besseren Lesbarkeit das generische Maskulinum verwendet. Weibliche und anderweitige Geschlechteridentitäten werden dabei ausdrücklich mitgemeint, soweit es für die Aussage erforderlich ist.

Die Deutsche Nationalbibliothek verzeichnet diese Publikation in der Deutschen Nationalbibliografie; detaillierte bibliografische Daten sind im Internet über http://dnb.d-nb.de abrufbar.

ISBN 978-3-96453-579-5